ISBN 978-3-662-37251-7   ISBN 978-3-662-37977-6 (eBook)
DOI 10.1007/978-3-662-37977-6

Inhalts-Verzeichniß

für das Jahrbuch der Preußischen Forst- und Jagd-Gesetzgebung
und Verwaltung.

XVIII. Band 3. Heft.

Organisation. Dienst-Instructionen.

43.

Gesetz über die Zuständigkeit der Verwaltungs- und Verwaltungs-gerichtsbehörden. Vom 1. August 1883.

(Gesetz-Sammlung S. 237 ff.)

Inhalt.

Wir Wilhelm, von Gottes Gnaden König von Preußen 2c. verordnen, mit Zustimmung beider Häuser des Landtags, über die Zuständigkeit der Verwaltungs- und Verwaltungsgerichtsbehörden für den gesammten Umfang der Monarchie, was folgt:

I. Titel.

Angelegenheiten der Provinzen.

§ 1.

Gegen den auf die Reklamation eines Kreises wegen Vertheilung der Provinzialabgaben erlassenen Beschluß des Provinzialausschusses findet innerhalb zwei Wochen die Klage bei dem Oberverwaltungsgerichte statt.

Der letzte Absatz des § 112 der Provinzialordnung für die Provinzen Ost- und Westpreußen, Brandenburg, Pommern, Schlesien und Sachsen vom 29. Juni 1875 (Gesetz-Samml. 1881 S. 233) kommt in Wegfall.

II. Titel.

Angelegenheiten der Kreise.

§ 2.

In den Fällen der Veränderung der Kreisgrenzen und der Bildung neuer Kreise, sowie des Ausscheidens großer Städte aus dem Kreisverbande beschließt der Bezirksausschuß über die Auseinandersetzung der betheiligten Kreise, vorbehaltlich der den letzteren gegen einander innerhalb zwei Wochen zustehenden Klage bei dem Bezirksausschusse.

§ 3.

Gegen die Entscheidung des Bezirksausschusses, betreffend die Heranziehung oder die Veranlagung zu den Kreisabgaben, ist nur das Rechtsmittel der Revision zulässig.

§ 4.

Der zweite Absatz des § 180 der Kreisordnung für die Provinzen Ost- und Westpreußen, Brandenburg, Pommern, Schlesien und Sachsen vom 13. Dezember 1872 (Gesetz-Samml. 1881 S. 179) wird dahin geändert:

Gegen die Verfügung des Regierungspräsidenten steht dem Kreise innerhalb zwei Wochen die Klage bei dem Oberverwaltungsgerichte zu.

Zur Ausführung der Rechte des Kreises kann der Kreistag einen besonderen Vertreter bestellen.

III. Titel.

Angelegenheiten der Amtsverbände.

§ 5.

Der erste Absatz des § 55 c der Kreisordnung für die Provinzen Ost- und Westpreußen, Brandenburg, Pommern, Schlesien und Sachsen vom 13. Dezember 1872 (Gesetz-Samml. 1881 S. 179) wird dahin abgeändert:

Die Aufsicht des Staates über die Verwaltung der Angelegenheiten der Amts-verbände wird unbeschadet der vorstehenden Bestimmungen in erster Instanz von dem Landrath als Vorsitzenden des Kreisausschusses, in höherer und letzter Instanz von dem Regierungspräsidenten geübt.

§ 6.

Im Geltungsbereiche der Kreisordnung für die Provinzen Ost- und Westpreußen, Brandenburg, Pommern, Schlesien und Sachsen vom 13. Dezember 1872 (Gesetz-Samml. 1881 S. 179) erfolgt fortan die Revision, endgültige Feststellung und Ab-änderung der Amtsbezirke (§ 49 Absatz 2 der Kreisordnung), die Vereinigung länd-licher Gemeinde- und Gutsbezirke, bezüglich der Verwaltung der Polizei mit dem Bezirke einer Stadt (§ 49a Absatz 1 a. a. O.), sowie die Ausscheidung der ersteren aus dem Amtsbezirk (§ 49a Absatz 3 a. a. O.), durch den Minister des Innern im Einvernehmen mit dem Bezirksausschusse nach vorheriger Anhörung der Be-theiligten und des Kreistages.

IV. Titel.

Angelegenheiten der Stadtgemeinden.

§ 7.

Die Aufsicht des Staates über die Verwaltung der städtischen Gemeindeange-legenheiten wird in erster Instanz von dem Regierungspräsidenten, in höherer und letzter Instanz von dem Oberpräsidenten geübt, unbeschadet der in den Gesetzen ge-ordneten Mitwirkung des Bezirksausschusses und des Provinzialraths.

Für die Stadt Berlin tritt an die Stelle des Regierungspräsidenten der Ober-präsident, an die Stelle des Oberpräsidenten der Minister des Innern, für die Hohenzollernschen Lande tritt an die Stelle des Oberpräsidenten der Minister des Innern.

Beschwerden bei den Aufsichtsbehörden in städtischen Gemeindeangelegenheiten sind in allen Instanzen innerhalb zwei Wochen anzubringen.

§ 8.

Der Bezirksausschuß beschließt, soweit die Beschlußfassung nach den Gemeinde-verfassungsgesetzen der Aufsichtsbehörde zusteht, über die Veränderung der Grenzen der Stadtbezirke.

Der Bezirksausschuß beschließt über die in Folge einer Veränderung der Grenzen der Stadtbezirke nothwendig werdende Auseinandersetzung zwischen den betheiligten Gemeinden, vorbehaltlich der den letzteren gegen einander zustehenden Klage im Verwaltungsstreitverfahren.

§ 9.

Streitigkeiten über die bestehenden Grenzen der Stadtbezirke unterliegen der Entscheidung im Verwaltungsstreitverfahren.

Ueber die Festsetzung streitiger Grenzen beschließt vorläufig, sofern es das öffentliche Interesse erheischt, der Bezirksausschuß. Bei dem Beschlusse behält es bis zur rechtskräftigen Entscheidung im Verwaltungsstreitverfahren sein Bewenden.

§ 10.

Die Gemeindevertretung beschließt:

1) auf Beschwerden und Einsprüche, betreffend den Besitz oder den Verlust des Bürgerrechts, insbesondere des Rechts zur Theilnahme an den Wahlen zur Gemeindevertretung, sowie des Rechts zur Bekleidung einer den Besitz des Bürgerrechts voraussetzenden Stelle in der Gemeindeverwaltung oder Gemeindevertretung, die Verpflichtung zum Erwerbe oder zur Verleihung des Bürgerrechts, beziehungsweise zur Zahlung von Bürgergewinngeldern (Ausfertigungsgebühren) und zur Leistung des Bürgereides, die Zugehörigkeit zu einer bestimmten Bürgerklasse, die Richtigkeit der Gemeindewählerliste;

2) über die Gültigkeit der Wahlen zur Gemeindevertretung;

3) über die Berechtigung zur Ablehnung oder Niederlegung von Aemtern und Stellen in der Gemeindeverwaltung oder Vertretung, über die Nachtheile, welche gegen Mitglieder der Stadtgemeinde wegen Nichterfüllung der ihnen nach den Gemeindeverfassungsgesetzen obliegenden Pflichten, sowie über die Strafen, welche gegen Mitglieder der Gemeindevertretung wegen Zuwiderhandlungen gegen die Geschäftsordnung nach Maßgabe der Gemeindeverfassungsgesetze zu verhängen sind.

Einsprüche gegen die Richtigkeit der Wählerliste sind während der Dauer der Auslegung der letzteren, Einsprüche gegen die Gültigkeit der Wahlen zur Gemeindevertretung innerhalb zwei Wochen nach Bekanntmachung des Wahlergebnisses und in allen Fällen bei dem Gemeindevorstande zu erheben.

In dem Geltungsbereiche der Kurhessischen Gemeindeordnung vom 23. Oktober 1834 ist die Gemeindewählerliste nach vorgängiger öffentlicher Bekanntmachung zwei Wochen hindurch auszulegen, und finden die in Betreff der Einsprüche gegen die Gemeindewählerliste getroffenen Bestimmungen auch auf Einsprüche gegen das Verzeichniß der hochbesteuerten Ortsbürger Anwendung.

§ 11.

Der Beschluß der Gemeindevertretung (§ 10) bedarf keiner Genehmigung oder Bestätigung von Seiten des Gemeindevorstandes oder der Aufsichtsbehörde. Gegen den Beschluß der Gemeindevertretung findet die Klage im Verwaltungsstreitverfahren statt. Die Klage steht in den Fällen des § 10 auch dem Gemeindevorstande zu.

Die Klage hat in den Fällen des § 10 unter 1 und 2 keine aufschiebende Wirkung; jedoch dürfen Ersatzwahlen vor ergangener rechtskräftiger Entscheidung nicht vorgenomen werden.

§ 12.

Der Bezirksausschuß beschließt, soweit die Beschlußfassung nach den Gemeinde=
verfassungsgesetzen der Aufsichtsbehörde zusteht,

1) über die Zahl der aus jeder einzelnen Ortschaft einer Stadtgemeinde zu
wählenden Mitglieder der Gemeindevertretung,

2) über die Vornahme außergewöhnlicher Ersatzwahlen zur Gemeindevertretung
oder in den Gemeindevorstand.

§ 13.

Soweit die Bestätigung der Wahlen von Gemeindebeamten nach Maßgabe der
Gemeindeverfassungsgesetze den Aufsichtsbehörden zusteht, erfolgt dieselbe durch
den Regierungspräsidenten.

Die Bestätigung kann nur unter Zustimmung des Bezirksausschusses versagt
werden. Lehnt der Bezirksausschuß die Zustimmung ab, so kann dieselbe auf den
Antrag des Regierungspräsidenten durch den Minister des Innern ergänzt werden.

Wird die Bestätigung vom Regierungspräsidenten unter Zustimmung des Be=
zirksausschusses versagt, so kann dieselbe auf Antrag des Gemeindevorstandes oder
der Gemeindevertretung von dem Minister des Innern ertheilt werden.

§ 14.

Ueber die Gültigkeit von Wahlen solcher Gemeindebeamten, welche der Be=
stätigung nicht bedürfen, beschließt, soweit die Beschlußfassung der Aufsichtsbehörde
zusteht, der Bezirksausschuß.

§ 15.

Beschlüsse der Gemeindevertretung oder des kollegialischen Gemeindevorstandes,
welche deren Befugnisse überschreiten oder die Gesetze verletzen, hat der Gemeinde=
vorstand, beziehungsweise der Bürgermeister, entstehenden Falles auf Anweisung
der Aufsichtsbehörde, mit aufschiebender Wirkung, unter Angabe der Gründe, zu
beanstanden. Gegen die Verfügung des Gemeindevorstandes (Bürgermeisters) steht
der Gemeindevertretung, beziehungsweise dem kollegialischen Gemeindevorstande, die
Klage im Verwaltungsstreitverfahren zu.

Die in den Gemeindeverfassungsgesetzen begründete Befugniß der Aufsichts=
behörden, aus anderen als den vorstehend angegebenen Gründen eine Beanstandung
der Beschlüsse der Gemeindevertretung oder des kollegialischen Gemeindevorstandes
herbeizuführen, wird aufgehoben.

§ 16.

Gemeindebeschlüsse über die Veräußerung oder wesentliche Veränderung von
Sachen, welche einen besonderen wissenschaftlichen, historischen oder Kunstwerth haben,
insbesondere von Archiven oder Theilen derselben, unterliegen der Genehmigung des
Regierungspräsidenten.

Hinsichtlich der Verwaltung der Gemeindewaldungen bewendet es bei den be=
stehenden Bestimmungen.

Im Uebrigen beschließt der Bezirksausschuß über die in den Gemeindeverfassungs=
gesetzen der Aufsichtsbehörde vorbehaltene Bestätigung (Genehmigung) von Orts=
statuten und sonstigen die städtischen Gemeindeangelegenheiten betreffenden Gemeinde=
beschlüssen.

Soweit es sich um die Aufbringung der Gemeindeabgaben und Dienste handelt, steht aus Gründen des öffentlichen Interesses gegen den auf Beschwerde ergehenden Beschluß des Provinzialraths dem Vorsitzenden des letzteren die Einlegung der weiteren Beschwerde an die Minister des Innern und der Finanzen zu. Hierbei finden die Bestimmungen des § 123 des Gesetzes über die allgemeine Landesverwaltung vom 30. Juli 1883*) Anwendung.

Die Bestätigung (Genehmigung) von Gemeindebeschlüssen, durch welche besondere direkte oder indirekte Gemeindesteuern neu eingeführt oder in ihren Grundsätzen verändert werden, bedarf der Zustimmung der Minister des Innern und der Finanzen.

§ 17.

Der Bezirksausschuß beschließt, soweit die Beschlußfassung nach den Gemeindeverfassungsgesetzen der Aufsichtsbehörde zusteht,

1) abgesehen von den Fällen des § 15 über die zwischen dem Gemeindevorstande und der Gemeindevertretung, beziehungsweise dem Bürgermeister und dem kollegialischen Gemeindevorstande entstehenden Meinungsverschiedenheiten, wenn von einem Theile auf Entscheidung angetragen wird und zugleich die Angelegenheit nicht auf sich beruhen bleiben kann,

2) an Stelle der Gemeindebehörden, im Falle ihrer durch widersprechende Interessen herbeigeführten Beschlußunfähigkeit,

3) an Stelle der nach Maßgabe der Gemeindeverfassungsgesetze aufgelösten Gemeindevertretung.

Der Bezirksausschuß beschließt ferner an Stelle der Aufsichtsbehörde:

4) über die Art der gerichtlichen Zwangsvollstreckung wegen Geldforderungen gegen Stadtgemeinden (§ 15 zu 4 des Einführungsgesetzes zur Deutschen Civilprozeßordnung vom 30. Januar 1877, Reichs-Gesetzbl. S. 244),

5) über die Feststellung und den Ersatz der Defekte der Gemeindebeamten nach Maßgabe der Verordnung vom 24. Januar 1844 (Gesetz-Samml. S. 52); der Beschluß ist vorbehaltlich des ordentlichen Rechtsweges endgültig.

§ 18.

Auf Beschwerden und Einsprüche, betreffend:

1) das Recht zur Mitbenutzung der öffentlichen Gemeindeanstalten, sowie zur Theilnahme an den Nutzungen und Erträgen des Gemeindevermögens,

2) die Heranziehung oder die Veranlagung zu den Gemeindelasten,

beschließt der Gemeindevorstand.

Gegen den Beschluß findet die Klage im Verwaltungsstreitverfahren statt.

Der Entscheidung im Verwaltungsstreitverfahren unterliegen desgleichen Streitigkeiten zwischen Betheiligten über ihre in dem öffentlichen Rechte begründete Berechtigung oder Verpflichtung zu den im Absatz 1 bezeichneten Nutzungen beziehungsweise Lasten.

Einsprüche gegen die Höhe von Gemeindezuschlägen zu den direkten Staatssteuern, welche sich gegen den Prinzipalsatz der letzteren richten, sind unzulässig.

Die Beschwerden und die Einsprüche, sowie die Klage haben keine aufschiebende Wirkung.

§ 19.

Unterläßt oder verweigert eine Stadtgemeinde, die ihr gesetzlich obliegenden, von der Behörde innerhalb der Grenzen ihrer Zuständigkeit festgestellten Leistungen

---

*) S. den Art. 15, Seite 49.

auf den Haushaltsetat zu bringen oder außerordentlich zu genehmigen, so verfügt der Regierungspräsident unter Anführung der Gründe die Eintragung in den Etat, beziehungsweise die Feststellung der außerordentlichen Ausgabe.

Gegen die Verfügung des Regierungspräsidenten steht der Gemeinde die Klage bei dem Oberverwaltungsgerichte zu.

Eine Feststellung des Stadtetats durch die Aufsichtsbehörde findet fortan nicht statt; auch in den Städten von Neuvorpommern und Rügen ist jedoch eine Abschrift des Etats gleich nach seiner Feststellung durch die städtischen Behörden der Aufsichts=behörde einzureichen.

§ 20.

Bezüglich der Dienstvergehen der Bürgermeister, Beigeordneten, Magistrats=mitglieder und sonstigen Gemeindebeamten kommen die Bestimmungen des Gesetzes vom 21. Juli 1852 mit folgenden Maßgaben zur Anwendung:

1) Gegen die Bürgermeister, Beigeordneten und Magistratsmitglieder, sowie gegen die sonstigen Gemeindebeamten kann an Stelle der Bezirksregierung und innerhalb des derselben bisher zustehenden Ordnungsstrafrechts der Regierungspräsident Ordnungsstrafen festsetzen. Gegen die Strafver=fügungen des Regierungspräsidenten findet innerhalb zwei Wochen die Beschwerde an den Oberpräsidenten, gegen den auf die Beschwerde ergehenden Beschluß des Oberpräsidenten findet innerhalb zwei Wochen die Klage bei dem Oberverwaltungsgerichte statt. In Berlin findet gegen die Straf=verfügungen des Oberpräsidenten, in den Hohenzollernschen Landen findet gegen die Strafverfügungen des Regierungspräsidenten innerhalb zwei Wochen unmittelbar die Klage bei dem Oberverwaltungsgerichte statt.

2) Gegen die Strafverfügungen des Bürgermeisters findet innerhalb zwei Wochen die Beschwerde an den Regierungspräsidenten, und gegen den auf die Beschwerde ergehenden Beschluß des Regierungspräsidenten innerhalb zwei Wochen die Klage bei dem Oberverwaltungsgerichte statt.

3) In dem Verfahren auf Entfernung aus dem Amte wird die Einleitung des Verfahrens von dem Regierungspräsidenten beziehungsweise dem Minister des Innern verfügt und von demselben der Untersuchungs=kommissar ernannt; an die Stelle der Bezirksregierung beziehungsweise des Disziplinarhofes tritt als entscheidende Disziplinarbehörde erster Instanz der Bezirksausschuß; an die Selle des Staatsministeriums tritt das Ober=verwaltungsgericht; den Vertreter der Staatsanwaltschaft ernennt bei dem Bezirksausschusse der Regierungspräsident, bei dem Oberverwaltungsgerichte der Minister des Innern.

In dem vorstehend bezüglich der Entfernung aus dem Amte vorgesehenen Verfahren ist entstehenden Falles auch über die Thatsache der Dienstunfähigkeit der Bürgermeister, Beigeordneten, Magistratsmitglieder und sonstigen Gemeindebeamten Entscheidung zu treffen.

Gegen Mitglieder der Gemeindevertretung findet ein Disziplinarverfahren nicht statt.

Ueber streitige Pensionsansprüche der besoldeten Gemeindebeamten beschließt, soweit nach den Gemeindeverfassungsgesetzen die Beschlußfassung der Aufsichtsbehörde zusteht, der Bezirksausschuß, und zwar, soweit der Beschluß sich darauf erstreckt, welcher Theil des Diensteinkommens bei Feststellung der Pensionsansprüche als

Gehalt anzusehen ist, vorbehaltlich der den Betheiligten gegen einander zustehenden Klage im Verwaltungsstreitverfahren, im Uebrigen vorbehaltlich des ordentlichen Rechtsweges. Der Beschluß ist vorläufig vollstreckbar.

§ 21.

Zuständig in erster Instanz ist im Verwaltungsstreitverfahren für die in diesem Titel vorgesehenen Fälle, sofern nicht im Einzelnen anders bestimmt ist, der Bezirksausschuß, für den Stadtkreis Berlin in den Fällen des § 8 Absatz 2, § 9 und § 15 das Oberverwaltungsgericht. Die Frist zur Anstellung der Klage beträgt in allen Fällen zwei Wochen.

Die Gemeindevertretung, beziehungsweise der kollegialische Gemeindevorstand können zur Wahrnehmung ihrer Rechte im Verwaltungsstreitverfahren einen besonderen Vertreter bestellen.

Gegen die Entscheidung des Bezirksausschusses in den Fällen des § 18 unter 2 ist nur das Rechtsmittel der Revision zulässig.

§ 22.

Die Bestimmungen dieses Abschnitts kommen zur Anwendung im Geltungsbereiche der Städteordnung für die sechs östlichen Provinzen vom 30. Mai 1853 (Gesetz-Samml. S. 261) auch auf die § 1 Absatz 2 daselbst erwähnten Ortschaften (Flecken),

in der Provinz Schleswig-Holstein auch auf die §§ 94 ff. des Gesetzes vom 14. April 1869 (Gesetz-Samml. S. 589) erwähnten Flecken,

im Regierungsbezirke Cassel auch auf die Stadt Orb,

in den Hohenzollernschen Landen außer auf Hechingen auch auf die Gemeinde Sigmaringen.

Welche Gemeinden im Regierungsbezirke Wiesbaden außer der Stadt Frankfurt als Stadtgemeinden im Sinne dieses Abschnitts zu betrachten sind, wird in der zu erlassenden Kreisordnung für Hessen-Nassau bestimmt.

§ 23.

In den zum ehemaligen Kurfürstenthume Hessen gehörigen Städten ist als Gemeindevorstand der Stadtrath, als Gemeindevertretung der Gemeindeausschuß,

in den Stadtgemeinden des vormaligen Herzogthums Nassau (§ 22) ist als Gemeidevorstand der Gemeinderath, als Gemeindevertretung der Bürgerausschuß,

in der Gemeinde Homburg v. d. H. ist als Gemeindevorstand der Bürgermeister, als Gemeindevertretung der Gemeindevorstand,

in der Gemeinde Hechingen ist als Gemeindevorstand der Stadtrath, als Gemeindevertretung der Bürgerausschuß,

in der Gemeinde Sigmaringen ist als Gemeindevorstand der Gemeinderath, als Gemeindevertretung der Bürgerausschuß zu betrachten.

V. Titel.
Angelegenheiten der Landgemeinden und der selbstständigen Gutsbezirke.

§ 24.

Die Aufsicht des Staates über die Verwaltung der Angelegenheiten der Landgemeinden, der Aemter in der Provinz Westfalen und der Bürgermeistereien in der

Rheinprovinz, sowie der Gutsbezirke wird, unbeschadet der Vorschriften der Kreis-
ordnungen und der in den Gesetzen geordneten Mitwirkung des Kreisausschusses und
des Bezirksausschusses, in erster Instanz von dem Landrathe als Vorsitzenden des
Kreisausschusses, in höherer und letzter Instanz von dem Regierungspräsidenten geübt.

Beschwerden bei den Aufsichtsbehörden in den vorbezeichneten Angelegenheiten
sind in allen Instanzen innerhalb zwei Wochen anzubringen.

§ 25.

Der Kreisausschuß beschließt, soweit die Beschlußfassung nach den Gemeindeverfassungsgesetzen der Aufsichtsbehörde zusteht, über die Veränderung der Grenzen
der ländlichen Gemeindebezirke und der Gutsbezirke.

Hinsichtlich der Veränderung der Grenzen der Aemter in der Provinz Westfalen
und der Bürgermeistereien in der Rheinprovinz, sowie hinsichtlich der Bildung neuer
Gemeinde- und Gutsbezirke behält es bei den bestehenden Vorschriften sein Bewenden.

In den im Absatz 1 bezeichneten Fällen findet neben der Beschlußfassung des
Kreisausschusses die in den Gemeindeverfassungsgesetzen vorgeschriebene Anhörung des
Kreistages nicht mehr statt. An die Stelle der sonst für kommunale Bezirksveränderungen,
einschließlich der Fälle des zweiten Absatzes, in den Gemeindeverfassungsgesetzen
vorgeschriebenen Anhörung des Kreistages tritt die Anhörung des Kreisausschusses.

Ueber die in Folge einer Veränderung der Grenzen der Landgemeinden und
Gutsbezirke, sowie der in Absatz 2 erwähnten Aemter und Bürgermeistereien nothwendig werdende Auseinandersetzung zwischen den Betheiligten beschließt der Kreisausschuß, vorbehaltlich der den letzteren gegen einander zustehenden Klage im Verwaltungsstreitverfahren.

§ 26.

Streitigkeiten über die bestehenden Grenzen der ländlichen Gemeinde- und
Gutsbezirke, sowie über die Eigenschaft einer Ortschaft als Gemeinde oder eines
Guts als Gutsbezirks unterliegen der Entscheidung im Verwaltungsstreitverfahren.

Ueber die im ersten Absatze bezeichneten Angelegenheiten beschließt vorläufig,
sofern es das öffentliche Interesse erheischt, der Kreisausschuß. Bei dem Beschluß
behält es bis zur rechtskräftigen Entscheidung im Verwaltungsstreitverfahren sein Bewenden.

§ 27.

Die Gemeindevertretung, wo eine solche nicht besteht, der Gemeindevorstand
beschließt:

1) auf Beschwerden und Einsprüche, betreffend den Besitz oder den Verlust
   der Gemeindemitgliedschaft, sowie des Gemeindebürgerrechts, des Stimmrechts in der Gemeindeversammlung, des Rechts zur Theilnahme an den
   Gemeindewahlen, die Zugehörigkeit zu einer bestimmten Klasse von Stimm-
   berechtigten, die Wählbarkeit zu einer Stelle in der Gemeindeverwaltung
   oder Gemeindevertretung, die Ausübung des Stimmrechts durch einen
   Dritten, sowie über die Richtigkeit der Gemeindewählerliste;
2) über die Gültigkeit der Wahlen zur Gemeindevertretung;
3) über die Berechtigung zur Ablehnung oder Niederlegung einer Stelle in
   der Gemeindeverwaltung oder Gemeindevertretung, über die Nachtheile,
   welche gegen Angehörige (Mitglieder) der Gemeinde wegen Nichterfüllung
   der ihnen nach den Gemeindeverfassungsgesetzen obliegenden Pflichten,

sowie über die Strafen, welche gegen Mitglieder der Gemeindevertretung wegen Zuwiderhandlungen gegen die Geschäftsordnung oder wegen unentschuldigten Ausbleibens nach Maßgabe der Gemeindeverfassungsgesetze zu verhängen sind.

Einsprüche gegen die Richtigkeit der Wählerliste sind während der Dauer der Auslegung der letzteren, Einsprüche gegen die Gültigkeit der Wahlen zur Gemeindevertretung innerhalb zwei Wochen nach Bekanntmachung des Wahlergebnisses; und in allen Fällen bei dem Gemeindevorstande anzubringen.

In dem Geltungsbereiche der Kurhessischen Gemeindeordnung finden die Vorschriften des § 10 Absatz 3 des gegnewärtigen Gesetzes entsprechende Anwendung.

§ 28.

Die Beschlüsse der Gemeindevertretung, beziehungsweise des Gemeindevorstandes, in den Fällen des § 27 bedürfen keiner Genehmigung oder Bestätigung von Seiten des Gemeindevorstandes oder der Aufsichtsbehörde.

Gegen die Beschlüsse findet die Klage im Verwaltungsstreitverfahren statt. Die Klage steht in den Fällen des § 27, wenn der Beschluß von der Gemeindevertretung gefaßt ist, auch dem Gemeindevorstande, sowie in der Provinz Westfalen dem Amtmanne zu.

Die Klage hat in den Fällen des § 27 unter 1 und 2 keine aufschiebende Wirkung; jedoch dürfen Neuwahlen vor ergangener rechtskräftiger Entscheidung nicht vorgenommen werden.

§ 29.

Beschlüsse der Gemeindeversammlung, der Gemeindevertretung oder des kollegialischen Gemeindevorstandes, welche deren Befugnisse überschreiten, oder die Gesetze verletzen, hat der Gemeindevorsteher, in der Provinz Westfalen auch der Amtmann, entstehenden Falles auf Anweisung der Aufsichtsbehörde, mit aufschiebender Wirkung, unter Angabe der Gründe, zu beanstanden. Gegen die Verfügung des Gemeindevorstehers beziehungsweise Amtmanns steht der Gemeindeversammlung, Gemeindevertretung, beziehungsweise dem kollegialischen Gemeindevorstande die Klage im Verwaltungsstreitverfahren zu.

Die in den Gemeindeverfassungsgesetzen begründete Befugniß der Aufsichtsbehörde, aus anderen als den vorstehend angegebenen Gründen eine Beanstandung von Beschlüssen der Gemeindevertretung oder des kollegialischen Gemeindevorstandes herbeizuführen, wird aufgehoben.

§ 30.

Gemeindebeschlüsse über die Veräußerung oder wesentliche Veränderung von Sachen, welche einen besonderen wissenschaftlichen, historischen oder Kunstwerth haben, insbesondere von Archiven oder von Theilen derselben, unterliegen der Genehmigung des Regierungspräsidenten.

Hinsichtlich der Verwaltung der Gemeindewaldungen bewendet es bei den bestehenden Bestimmungen.

§ 31.

Im Uebrigen beschließt der Kreisausschuß, soweit die Beschlußfassung in den Gemeindeverfassungsgesetzen der Aufsichtsbehörde oder — in der Provinz Hessen-

Nassau — dem Amtsbezirksrathe zusteht, über die Bestätigung (Genehmigung) von Ortsstatuten und sonstigen, die ländlichen Gemeindeangelegenheiten betreffenden Gemeindebeschlüssen, sowie über die Herbeiführung und erforderlichen Falles Anordnung einer Ergänzung oder Abänderung der in Ansehung der Gemeindelasten oder des Gemeindestimmrechts bestehenden Ortsverfassung.

In den vorstehend bezeichneten Fällen findet neben der Beschlußfassung des Kreisausschusses die in den Gemeindeverfassungsgesetzen vorgeschriebene Anhörung des Kreistages nicht mehr statt.

Soweit es sich um die Aufbringung der Gemeindeabgaben und Dienste handelt, steht aus Gründen des öffentlichen Interesses gegen den auf Beschwerde ergehenden Beschluß des Bezirksausschusses dem Vorsitzenden des letzteren die Einlegung der weiteren Beschwerde an die Minister des Innern und der Finanzen zu. Hierbei finden die Bestimmungen des § 123 des Gesetzes über die allgemeine Landesverwaltung vom 30. Juli 1883 Anwendung.

Die Bestätigung (Genehmigung) von Gemeindebeschlüssen und der Erlaß von Anordnungen, durch welche besondere direkte oder indirekte Gemeindesteuern neu eingeführt oder in ihren Grundsätzen verändert werden, bedürfen der Zustimmung der Minister des Innern und der Finanzen.

Die §§ 33 und 34 Titel 7 Theil II des Allgemeinen Landrechts, die Kabinetsordre vom 25. Januar 1831, betreffend die Erwerbung von Rittergütern durch Dorfgemeinden oder deren Mitglieder (Gesetz-Samml. S. 5), und der § 4 des Anhangs zur Allgemeinen Gerichtsordnung sind aufgehoben.

§ 32.

Der Kreisausschuß beschließt, soweit die Beschlußfassung nach den Gemeindeverfassungsgesetzen der Aufsichtsbehörde zusteht:

1) über die Zahl der aus jeder einzelnen Ortschaft einer Gemeinde zu wählenden Mitglieder der Gemeindevertretung,

2) über die Vornahme außergewöhnlicher Ersatzwahlen zur Gemeindevertretung oder in den Gemeindevorstand,

3) über die Vermehrung der Zahl der Mitglieder des Gemeindevorstandes, der Schöffen und der Ortsvorsteher, sowie über die Bestellung besonderer Ortsvorsteher für verschiedene Ortschaften eines Gemeindebezirks,

4) über die Festsetzung der Besoldungen, der Dienstunkostenentschädigungen und der baaren Auslagen der Mitglieder des Gemeindevorstandes, der Schöffen, der sonstigen Gemeindebeamten, sowie der kommissarischen Gemeindevorsteher, Gutsvorsteher und sonstiger kommissarisch bestellten Beamten.

Der Kreisausschuß beschließt ferner:

5) an Stelle der Aufsichtsbehörde über die Feststellung und den Ersatz der bei Kassen und anderen Verwaltungen der Landgemeinden vorkommenden Defekte nach Maßgabe der Verordnung vom 24. Januar 1844 (Gesetz-Samml. S. 52). Der Beschluß ist vorbehaltlich des ordentlichen Rechtsweges endgültig.

§ 33.

Der Kreisausschuß beschließt, soweit die Beschlußfassung nach den Gemeindeverfassungsgesetzen der Aufsichtsbehörde zusteht:

1) abgesehen von den Fällen des § 29 über die zwischen dem Gemeinde=
vorstande und der Gemeindevertretung oder zwischen dem Gemeinde=
vorsteher und dem kollegialischen Gemeindevorstande entstandenen Meinungs=
verschiedenheiten,

2) an Stelle der Gemeindebehörden im Falle ihrer durch wiedersprechende
Interessen herbeigeführten Beschlußunfähigkeit oder im Falle widerholter
Beschlußunfähigkeit,

3) an Stelle der, nach Maßgabe der Gemeindeverfassungsgesetze aufgelösten
Gemeindevertretung.

Der Kreisausschuß beschließt ferner an Stelle der Bezirksregierung:

4) über die Art der gerichtlichen Zwangsvollstreckungen wegen Geldforderungen
gegen Landgemeinden (§ 15 zu 4 des Einführungsgesetzes zur Deutschen
Civilprozßordnung vom 30. Januar 1877, Reichs=Gesetzbl. S. 244).

§ 34.

Auf Beschwerden und Einsprüche, betreffend

1) das Recht zur Mitbenutzung der öffentlichen Gemeindeanstalten, sowie zur
Theilnahme an den Nutzungen und Erträgen des Gemeindevermögens,

2) die Heranziehung oder die Veranlagung zu den Gemeindelasten,

3) die besonderen Rechte oder Verpflichtungen einzelner örtlicher Theile des
Gemeindebezirks oder einzelner Klassen der Gemeindeangehörigen in An=
sehung der zu Nr. 1 und 2 erwähnten Ansprüche und Verbindlichkeiten,

beschließt der Gemeindevorstand.

Gegen den Beschluß findet die Klage im Verwaltungsstreitverfahren statt.

Der Entscheidung im Verwaltungsstreitverfahren unterliegen desgleichen Streitig=
keiten zwischen Betheiligten über ihre in dem öffentlichen Rechte begründete Berech=
tigung oder Verpflichtung zu den im Absatz 1 bezeichneten Nutzungen beziehungs=
weise Lasten.

Einsprüche gegen die Höhe von Gemeindezuschlägen, zu den direkten Staats=
steuern, welche sich gegen den Prinzipalsatz der letzteren richten, sind unzulässig.

Die Beschwerden und die Einsprüche, sowie die Klage haben keine aufschiebende
Wirkung.

Die vorstehenden Bestimmungen finden sinngemäß Anwendung auf Beschwerden
und Einsprüche, betreffend die Heranziehung oder die Veranlagung von Grundbesitzern
und Einwohnern eines Gutsbezirks zu den öffentlichen Lasten desselben.

§ 35.

Unterläßt oder verweigert eine Landgemeinde (Amt, Bürgermeisterei) oder ein
Gutsbezirk, die ihnen gesetzlich obliegenden, von der Behörde innerhalb der Grenzen
ihrer Zuständigkeit festgestellten Leistungen auf den Haushaltsetat zu bringen oder
außerordentlich zu genehmigen, beziehungsweise zu erfüllen, so verfügt der Land=
rath, unter Anführung der Gründe, die Eintragung in den Etat, beziehungsweise
die Feststellung der außerordentlichen Ausgabe.

Gegen die Verfügung des Landraths steht der Gemeinde beziehungsweise dem
Besitzer des Guts die Klage bei dem Bezirksausschusse zu.

§ 36.

Bezüglich der Dienstvergehen der Gemeindevorsteher, Schöffen, Mitglieder des Gemeindevorstandes und sonstigen Gemeindbeamten, sowie der Gutsvorsteher kommen die Bestimmungen des Gesetzes vom 21. Juli 1852 mit folgenden Maßgaben zur Anwendung:

1) Die Befugniß, gegen die Gemeindevorsteher (Amtmänner in Westfalen, Bürgermeister in der Rheinprovinz), Schöffen, Mitglieder des kollegialischen Gemeindevorstandes und sonstige Gemeindebeamten, sowie gegen Gutsvorsteher Ordnungsstrafen zu verhängen, steht dem Landrathe, und im Umfange des den Provinzialbehörden beigelegten Ordnungsstrafrechts dem Regierungspräsidenten zu.

   Gegen die Strafverfügungen des Landraths findet innerhalb zwei Wochen die Beschwerde an den Regierungspräsidenten, gegen die Strafverfügungen des Regierungspräsidenten innerhalb gleicher Frist die Beschwerde an den Oberpräsidenten statt.

2) Gegen die von dem Amtmann in Westfalen oder von dem Bürgermeister in der Rheinprovinz auf Grund des § 83 der Westfälischen Landgemeindeordnung vom 19. März 1856, beziehungsweise der §§ 83 und 104 der Rheinischen Gemeindeordnung vom 23. Juli 1845 gegen Unterbeamte der Gemeinden, Aemter oder Bürgermeistereien erlassenen Strafverfügungen findet innerhalb zwei Wochen die Beschwerde an den Landrath und gegen den auf die Beschwerde ergehenden Beschluß des Landraths innerhalb zwei Wochen die Beschwerde an den Regierungspräsidenten statt.

3) Gegen den auf die Beschwerde in den Fällen zu 1 und 2 in letzter Instanz ergehenden Beschluß des Regierungspräsidenten, beziehungsweise des Oberpräsidenten findet innerhalb zwei Wochen die Klage bei dem Oberverwaltungsgerichte statt.

   In den Hohenzollernschen Landen findet gegen die Strafverfügungen des Regierungspräsidenten innerhalb zwei Wochen unmittelbar die Klage bei dem Oberverwaltungsgerichte statt.

4) In dem Verfahren auf Entfernung aus dem Amte wird die Einleitung des Verfahrens von dem Landrathe oder von dem Regierungspräsidenten verfügt und von denselben der Untersuchungskommissar und der Vertreter der Staatsanwaltschaft ernannt. Als entscheidende Disziplinarbehörde erster Instanz tritt an die Stelle der Bezirksregierung der Kreisausschuß; an die Stelle des Staatsministeriums tritt das Oberverwaltungsgericht. Der Vertreter der Staatsanwaltschaft bei dem Oberverwaltungsgerichte wird von dem Minister des Innern ernannt.

In dem vorstehend zu 4 vorgesehenen Verfahren ist entstehenden Falles auch über die Thatsache der Dienstunfähigkeit der ländlichen Gemeindebeamten Entscheidung zu treffen.

Ueber streitige Pensionsansprüche der besoldeten Gemeindebeamten beschließt, soweit nach den Gemeindeverfassungsgesetzen die Beschlußfassung der Aufsichtsbehörde zusteht, der Kreisausschuß, und zwar, soweit der Beschluß sich darauf erstreckt, welcher Theil des Diensteinkommens bei Feststellung der Pensionsansprüche als Gehalt anzusehen ist, vorbehaltlich der den Betheiligten gegen einander zustehenden Klage im Verwaltungsstreitverfahren, im Uebrigen vorbehaltlich des ordentlichen Rechtsweges. Der Beschluß ist vorläufig vollstreckbar.

§ 37.

Zuständig in erster Instanz ist im Verwaltungsstreitverfahren für die in diesem Titel vorgesehenen Fälle, sofern nicht im Einzelnen anders bestimmt ist, der Kreisausschuß. Die Frist zur Anstellung der Klage beträgt in allen Fällen zwei Wochen.

Die Gemeindeversammlung, die Gemeindevertretung, beziehungsweise der kollegialische Gemeindevorstand können zur Wahrnehmung ihrer Rechte im Verwaltungsstreitverfahren einen besonderen Vertreter bestellen.

§ 38.

1) In den Landgemeinden des vormaligen Kurfürstenthums Hessen ist als Gemeidevorstand der Gemeinderath, als Gemeindevertretung der Gemeindeausschuß,

2) in den vormals Großherzoglich Hessischen Landestheilen ist als Gemeindevorstand der Bürgermeister, als Gemeindevertretung der Gemeinderath,

3) in den Landgemeinden der vormals Königlich Bayerischen Landestheile ist als Gemeindevorstand der Gemeindevorsteher, als Gemeindevertretung der Gemeindeausschuß,

4) in den Gemeinden des vormaligen Herzogthums Nassau ist als Gemeindevorstand der Gemeinderath, als Gemeindevertretung der Bürgerausschuß,

5) in den Gemeinden des vormals Landgräflich Hessischen Amtes Homburg ist als Gemeindevorstand der Bürgermeister, als Gemeindevertretung der Gemeindevorstand,

6) in den Landgemeinden des Stadtkreises Frankfurt a. M. ist als Gemeindevorstand der Schultheiß, als Gemeindevertretung der Gemeindeausschuß,

7) in den Landgemeinden des ehemaligen Fürstenthums Hohenzollern-Hechingen ist als Gemeindevorstand das Ortsgericht, als Gemeindevertretung der Bürgerausschuß,

8) in den Gemeinden des ehemaligen Fürstenthums Hohenzollern-Sigmaringen ist als Gemeindevorstand der Gemeinderath, als Gemeindevertretung der Bürgerausschuß

zu betrachten.

VI. Titel.
Armenangelegenheiten.

§ 39.

Streitigkeiten zwischen Armenverbänden wegen öffentlicher Unterstützung Hülfsbedürftiger werden im Verwaltungsstreitverfahren entschieden.

Zuständig in erster Instanz ist der Bezirksausschuß.

Im Uebrigen behält es bei den Bestimmungen des Reichsgesetzes über den Unterstützungswohnsitz vom 6. Juni 1870 sein Bewenden.

§ 40.

Der Bezirksausschuß beschließt endgültig über die Bestätigung der in den §§ 8, 9, 10 und 12 des Gesetzes, betreffend die Ausführung des Bundesgesetzes über den Unterstützungswohnsitz, vom 8. März 1871 (Gesetz-Samml. S. 130) und des betreffenden Lauenburgischen Gesetzes vom 24. Juni 1871 (Offizielles Wochenbl. S. 183) gedachten Statuten zur Regelung der Armenpflege in den nicht ausschließ-

lich im Eigenthum des Gutsbesitzers stehenden Gutsbezirken und in den Gesammtarmenverbänden, sowie über die Genehmigung zur Wiederauflösung von Gesammtarmenverbänden (§ 14 a. a. O.).

Soweit die Feststellung der Statuten bisher dem Kreistage oblag, erfolgt dieselbe fortan durch den Kreisausschuß.

Ist den Statuten die Bestätigung wiederholt versagt worden, so stellt der
Bezirksausschuß dieselben endgültig fest.

§ 41.

Beschwerden von Armen gegen Verfügungen von Ortsarmenverbänden darüber,
ob, in welcher Höhe und in welcher Weise Armenunterstützungen zu gewähren sind
(§ 63 des Gesetzes vom 8. März und § 51 des Gesetzes vom 24. Juni 1871),
unterliegen:

1) sofern eine Stadt von mehr als 10 000 Einwohnern an dem Armenverbande
   betheiligt ist, der endgültigen Beschlußfassung des Bezirksausschusses;
2) andernfalls der endgültigen Beschlußfassung des Kreisausschusses.

Desgleichen unterliegen Beschwerden von Armen gegen Verfügungen von Land-
armenverbänden über die Art und Höhe der Unterstützung der endgültigen Beschlußfassung des Bezirksausschusses, sofern die Landarmenverbände nur aus einem
Kreise bestehen.

§ 42.

Beschwerden von Ortsarmenverbänden gegen Verfügungen der Landarmenverbände
darüber, ob, in welcher Höhe und in welcher Weise Beihülfen zu gewähren sind
(§ 36 des Gesetzes vom 8 März 1871), unterliegen der endgültigen Beschlußfassung
des Provinzialraths.

§ 43.

Der Kreis- (Stadt-) Ausschuß beschließt:
1) an Stelle der in den §§ 60 bis 62 des Gesetzes vom 8. März 1871 und
   in den §§ 48 bis 50 des Lauenburgischen Gesetzes vom 24. Juni 1871
   bezeichneten Kreiskommission über Streitigkeiten zwischen Armenverbänden
   im schiedsrichterlichen oder sühneamtlichen Vermittelungsverfahren;
2) an Stelle des Landraths, beziehungsweise des städtischen Gemeindevorstandes, auf den Antrag eines Armenverbandes gegen die zur Unterstützung
   eines Hülfsbedürftigen verpflichteten Angehörigen gemäß § 65 beziehungsweise § 53 a. a. O.

Die Beschlüsse des Kreis- (Stadt-) Ausschusses sind, vorbehaltlich des ordentlichen Rechtsweges im Falle zu 2, endgültig.

§ 44

Auf Beschwerden und Einsprüche, betreffend
1) die Verpflichtung zur Theilnahme an den Lasten der Armenpflege in Gutsbezirken und in Gesammtarmenverbänden (§§ 8 ff. des Gesetzes vom
   8. März 1871),
2) die Heranziehung oder Veranlagung zu den Lasten der Landarmenverbände
   (§ 29 a. a. O.),

beschließt in den Fällen zu 1 der Gutsvorsteher, beziehungsweise der Vorsitzende der Vertretung des Gesammtarmenverbandes, in den Fällen zu 2 der Vorstand des Landarmenverbandes.

Gegen den Beschluß findet innerhalb zwei Wochen die Klage im Verwaltungsstreitverfahren statt. Zuständig ist in den Fällen zu 1 der Kreisausschuß, in den Fällen zu 2 der Bezirksausschuß. Gegen die Entscheidung des Bezirksausschusses ist in allen Fällen nur das Rechtsmittel der Revision zulässig.

Einsprüche gegen Zuschläge zu den direkten Staatssteuern, welche sich gegen den Prinzipalsatz der letzteren richten, sind unzulässig.

Die Beschwerden und die Einsprüche, sowie die Klage haben keine aufschiebende Wirkung. Dieselben stehen in den Fällen zu 2 nur den unmittelbar zur Aufbringung der Kosten der Landarmenpflege herangezogenen einzelnen Verbänden, Kreisen und Gemeinden zu.

VII. Titel.
Schulangelegenheiten.

§ 45.

Ueber die Feststellung des Geldwerthes der Naturalien und des Ertrages der Ländereien bei amtlicher Festsetzung des Einkommens der Elementarlehrer beschließt auf Anrufen von Betheiligten der Kreisausschuß und, sofern es sich um Stadtschulen handelt, der Bezirksausschuß. Der Beschluß des Bezirksausschusses in erster oder zweiter Instanz ist endgültig.

§ 46.

Auf Beschwerden und Einsprüche, betreffend die Heranziehung zu Abgaben und sonstigen nach öffentlichem Rechte zu fordernden Leistungen für Schulen, welche der allgemeinen Schulpflicht dienen, beschließt, vorbehaltlich der Bestimmungen des § 47, die örtliche Behörde, welche die Abgaben und Leistungen für die Schule ausgeschrieben hat (Vorstand des Schulverbandes, der Schulgemeinde, Schulsozietät, Schulkommune 2c.).

Gegen den Beschluß findet innerhalb zwei Wochen die Klage im Verwaltungsstreitverfahren statt.

Der Entscheidung im Verwaltungsstreitverfahren unterliegen desgleichen Streitigkeiten zwischen Betheiligten über ihre in dem öffentlichen Rechte begründete Verpflichtung zu Abgaben und Leistungen für Schulen, welche der allgemeinen Schulpflicht dienen.

Zuständig in erster Instanz ist im Verwaltungsstreitverfahren der Kreisausschuß und, sofern es sich um Stadtschulen handelt, der Bezirksausschuß.

Die Entscheidung über streitige Abgaben und sonstige nach öffentlichem Rechte zu fordernde Leistungen für Schulen der bezeichneten Art oder für deren Beamte, sowie über streitiges Schulgeld für solche Schulen nach § 15 des Gesetzes über die Erweiterung des Rechtsweges vom 24. Mai 1861 (Gesetz-Samml. S. 241) erfolgt fortan im Verwaltungsstreitverfahren.

Einsprüche gegen die Höhe von Zuschlägen für Schulzwecke zu den direkten Staatssteuern, welche sich gegen den Prinzipalsatz der letzteren richten, sind unzulässig.

Die Beschwerden und die Einsprüche, sowie die Klage haben keine aufschiebende Wirkung.

Die Vorschriften dieses Paragraphen finden auf solche Abgaben und Leistungen für Schulen, welche zu den Gemeindelasten (§§ 18, 34) gehören, keine Anwendung.

§ 47.

Ueber die Anordnung von Neu- und Reparaturbauten bei Schulen, welche der allgemeinen Schulpflicht dienen, über die öffentlich-rechtliche Verpflichtung zur Aufbringung der Baukosten, sowie über die Vertheilung derselben auf Gemeinden (Gutsbezirke), Schulverbände und Dritte, statt derselben oder neben denselben Verpflichtete beschließt, sofern Streit entsteht, die Schulaufsichtsbehörde.

Gegen den Beschluß findet die Klage im Verwaltungsstreitverfahren statt. Dieselbe ist, soweit der in Anspruch Genommene zu der ihm angesonnenen Leistung aus Gründen des öffentlichen Rechts statt seiner einen Anderen für verpflichtet erachtet, zugleich gegen diesen zu richten.

Auch im Uebrigen unterliegen Streitigkeiten der Betheiligten (Absatz 1) darüber, wem von ihnen die öffentlich-rechtliche Verbindlichkeit zum Bau oder zur Unterhaltung einer der Erfüllung der allgemeinen Schulpflicht dienenden Schule obliegt, der Entscheidung im Verwaltungsstreitverfahren.

Die Klage ist in den Fällen des zweiten Absatzes innerhalb zwei Wochen anzubringen. Die zuständige Behörde kann zur Vervollständigung der Klage eine angemessene Nachfrist gewähren. Durch den Ablauf dieser Fristen wird jedoch die Klage im Verwaltungsstreitverfahren auf Erstattung des Geleisteten gegen einen aus Gründen des öffentlichen Rechts verpflichteten Dritten nicht ausgeschlossen.

Zuständig im Verwaltungsstreitverfahren ist in erster Instanz der Kreisausschuß und, sofern es sich um Stadtschulen handelt, der Bezirksausschuß.

§ 48.

Unterläßt oder verweigert ein Schulverband (Schulgemeinde, Schulsozietät, Schulkommune ꝛc.) bei Schulen, welche der allgemeinen Schulpflicht dienen, in anderen als den im § 47 Absatz 1 bezeichneten Fällen die ihm nach öffentlichem Rechte obliegenden, von der Behörde innerhalb der Grenzen ihrer Zuständigkeit festgestellten Leistungen auf den Haushaltsetat zu bringen oder außerordentlich zu genehmigen beziehungsweise zu erfüllen, so verfügt der Landrath und, sofern es sich um Stadtschulen handelt, der Regierungspräsident die Eintragung in den Etat beziehungsweise die Feststellung der außerordentlichen Ausgabe.

Gegen die Verfügung des Landraths steht dem Schulverbande die Klage bei dem Bezirksausschusse, gegen die Verfügung des Regierungspräsidenten die Klage bei dem Oberverwaltungsgerichte zu. Dabei finden die Bestimmungen des § 47 Absatz 2 Satz 2 und Absatz 4 sinngemäße Anwendung.

§ 49.

Die Vorschriften des § 47 finden auch Anwendung, wenn die Schule mit der Küsterei verbunden ist.

Für die im Verwaltungsstreitverfahren nach § 47 zu treffenden Entscheidungen sind die von den Schulaufsichtsbehörden innerhalb ihrer gesetzlichen Zuständigkeit getroffenen allgemeinen Anordnungen über die Ausführung von Schulbauten maßgebend.

Die der Schulaufsichtsbehörde nach Maßgabe des Gesetzes zustehende Befugniß zur Einrichtung neuer oder Theilung vorhandener Schulsozietäten bleibt unberührt.

VIII. Titel.

Einquartirungsangelegenheiten.

§ 50.

Ueber die Bestätigung von Gemeindebeschlüssen oder Ortsstatuten wegen Vertheilung der Quartierleistungen und sonstigen Naturalleistungen (Vorspann, Naturalverpflegung, Fourage), (§ 7 Absatz 3 bis 5 des Gesetzes vom 25. Juni 1868, betreffend die Quartierleistungen für die bewaffnete Macht während des Friedenszustandes, Bundes-Gesetzbl. S. 523, und § 7 Absatz 2 des Gesetzes über die Naturalleistungen für die bewaffnete Macht im Frieden vom 13. Februar 1875, Reichs-Gesetzbl. S. 52) beschließt der Kreisausschuß, in Städten der Bezirksausschuß.

Der Kreisausschuß beschließt über die Festsetzung des Umfangs der Quartierleistung für solche Gutsbezirke, welche eine Vereinigung mit einer Gemeinde nicht abgeschlossen haben (§ 7 letzter Absatz des Gesetzes vom 25. Juni 1868).

§ 51.

Werden gegen die für die Vertheilung der Quartierleistungen aufgestellten Kataster (§ 6 Absatz 4 des Gesetzes vom 25. Juni 1868) innerhalb der gesetzlich bestimmten Frist von 21 Tagen Einwendungen erhoben, so hat hierüber in Betreff der Städte der Gemeindevorstand, in Betreff der übrigen Ortschaften der Kreisausschuß zu beschließen.

Gegen den Beschluß findet innerhalb zwei Wochen die Beschwerde an den Bezirksausschuß statt.

Der Beschluß des Bezirksausschusses ist endgültig.

IX. Titel.

Sparkassenangelegenheiten.

§ 52.

Die Errichtung von Sparkassen durch Kreise, Stadt- und Landgemeinden, und andere über den Umfang eines Kreises nicht hinausgehende kommunale Verbände bedarf der staatlichen Genehmigung auch in denjenigen Landestheilen, in welchen eine solche bisher nicht vorgeschrieben war.

Diese Genehmigung, sowie die Bestätigung der bezüglichen Statuten steht dem Oberpräsidenten zu. Die Genehmigung (Bestätigung) darf nur unter Zustimmung des Provinzialraths versagt werden. Ingleichen bedarf es der Zustimmung des Provinzialraths zu Statutenänderungen und zur Auflösung von Sparkassen, soweit solche der Oberpräsident nach bestehendem Rechte gegen den Willen der Kreise, Gemeinden oder sonstigen Verbände vorzunehmen ermächtigt ist.

§ 53.

Die Aufsicht über die Verwaltung der im § 52 bezeichneten Sparkassen wird durch die geordneten Kommunalaufsichtsbehörden geübt.

Wo bezüglich dieser Verwaltung in bestehenden Gesetzen oder in den Statuten eine ausdrückliche staatliche Genehmigung vorgeschrieben ist, ertheilt dieselbe der Regierungspräsident, in Berlin der Oberpräsident. Die Versagung der Genehmigung darf nur unter Zustimmung des Bezirksausschusses erfolgen.

X. Titel.

Synagogengemeindeangelegenheiten.

§ 54.

Der Bezirksausschuß entscheidet auf Klagen Einzelner wegen der ihnen, als Mitgliedern einer Synagogengemeinde, oder auf Grund des Gesetzes vom 28. Juli 1876, betreffend den Austritt aus den jüdischen Synagogengemeinden (Gesetz-Samml. S. 353), zustehenden Rechte und obliegenden Verpflichtungen zu Abgaben und Leistungen.

XI. Titel.

Wegepolizei.

§ 55.

Die Aufsicht über die öffentlichen Wege und deren Zubehörungen, sowie die Sorge dafür, daß den Bedürfnissen des öffentlichen Verkehrs in Bezug auf das Wegewesen Genüge geschieht, verbleibt in dem bisherigen Umfange den für die Wahrnehmung der Wegepolizei zuständigen Behörden. Sind dazu Leistungen erforderlich, so hat die Wegepolizeibehörde den Pflichtigen zur Erfüllung seiner Verbindlichkeit binnen einer angemessenen Frist aufzufordern und, wenn die Verbindlichkeit nicht bestritten wird, erforderlichen Falles mit den gesetzlichen Zwangsmitteln anzuhalten. Auch ist die zuständige Wegepolizeibehörde befugt, das zur Erhaltung des gefährdeten oder zur Wiederherstellung des unterbrochenen Verkehrs Nothwendige, auch ohne vorgängige Aufforderung des Verpflichteten, für Rechnung desselben in Ausführung bringen zu lassen, wenn dergestalt Gefahr im Verzuge ist, daß die Ausführung der vorzunehmenden Arbeit durch den Verpflichteten nicht abgewartet werden kann.

§ 56.

Gegen die Anordnungen der Wegepolizeibehörde, welche den Bau und die Unterhaltung der öffentlichen Wege oder die Aufbringung und Vertheilung der dazu erforderlichen Kosten oder die Inanspruchnahme von Wegen für den öffentlichen Verkehr betreffen, findet als Rechtsmittel innerhalb zwei Wochen der Einspruch an die Wegepolizeibehörde statt.

Wird der Einspruch der Vorschrift des ersten Absatzes zuwider innerhalb der gesetzlichen Frist bei denjenigen Behörden erhoben, welche zur Beschlußfassung oder Entscheidung auf Beschwerden gegen Beschlüsse oder Verfügungen der Wegepolizeibehörde zuständig sind, so gilt die Frist als gewahrt.

Der Einspruch ist in solchen Fällen von den angerufenen Behörden an die Wegepolizeibehörde zur Beschlußfassung abzugeben.

Ueber den Einspruch hat die Wegepolizeibehörde zu beschließen. Gegen den Beschluß findet die Klage im Verwaltungsstreitverfahren statt. Dieselbe ist, soweit der in Anspruch Genommene zu der ihm angesonnenen Leistung aus Gründen des öffentlichen Rechts statt seiner einen anderen für verpflichtet erachtet, zugleich gegen diesen zu richten. In dem Verwaltungsstreitverfahren ist entstehenden Falles auch darüber zu entscheiden, ob der Weg für einen öffentlichen zu erachten ist.

Auch im Uebrigen unterliegen Streitigkeiten der Betheiligten darüber, wem von ihnen die öffentlich-rechtliche Verpflichtung zur Anlegung oder Unterhaltung eines öffentlichen Weges obliegt, der Entscheidung im Verwaltungsstreitverfahren.

Die Klage ist in den Fällen des vierten Absatzes innerhalb zwei Wochen anzubringen. Die zuständige Behörde kann zur Vervollständigung der Klage eine angemessene Nachfrist gewähren. Durch den Ablauf dieser Fristen wird jedoch die Klage im Verwaltungsstreitverfahren auf Erstattung des Geleisteten gegen einen aus Gründen des öffentlichen Rechts verpflichteten Dritten nicht ausgeschlossen.

Zuständig im Verwaltungsstreitverfahren ist in erster Instanz der Kreisausschuß, in Stadtkreisen, in Städten mit mehr als 10 000 Einwohnern, und, sofern es sich um Chausseen handelt, oder ein Provinzialverband, Landeskommunal- oder Kreiskommunalverband als solcher, oder — in der Provinz Hannover — ein Wegeverband betheiligt ist, oder wenn die Klage gegen Beschlüsse des Landesraths gerichtet ist, der Bezirksausschuß.

Wird ein Weg im Verwaltungsstreitverfahren für einen öffentlichen erklärt, so bleibt demjenigen, welcher privatrechtliche Ansprüche auf den Weg geltend macht, der Antrag auf Entschädigung gegen den Wegebauverpflichteten im ordentlichen Rechtswege nach Maßgabe des § 4 des Gesetzes vom 11. Mai 1842 (Gesetz-Samml. S. 192) vorbehalten.

<h2 style="text-align:center">§ 57.</h2>

Ueber Einziehung oder Verlegung öffentlicher Wege beschließt — vorbehaltlich der in den §§ 58 und 60 für die Provinzen Schleswig-Holstein und Hannover im Anschluß an die dortige Wegegesetzgebung getroffenen besonderen Bestimmungen — die Wegepolizeibehörde, nachdem das Vorhaben mit der Aufforderung, Einsprüche binnen vier Wochen zur Vermeidung des Ausschlusses geltend zu machen, in ortsüblicher Weise, sowie durch das Kreisblatt und das Amtsblatt veröffentlicht worden ist. Gegen den Beschluß der Wegepolizeibehörde steht den mit dem Einspruche Zurückgewiesenen innerhalb zwei Wochen die Klage bei dem Kreisausschusse beziehungsweise dem Bezirksausschusse nach Maßgabe der Vorschrift in § 56 Absatz 7 zu.

Wird die beantragte Verlegung oder Einziehung eines öffentlichen Weges von der Wegepolizeibehörde von vornherein oder nach dem Einspruchs- (Ausschließungs-) Verfahren abgelehnt, so ist dem Antragsteller nur das Anrufen der Aufsichtsbehörde gestattet.

Der Artikel IV des Gesetzes, betreffend die Abänderung von Bestimmungen der Kreisordnung für die Provinzen Preußen, Brandenburg, Pommern, Posen, Schlesien und Sachsen vom 13. Dezember 1872 und die Ergänzung derselben vom 19. März 1881 (Gesetz-Samml. S. 155) wird aufgehoben.

<h2 style="text-align:center">§ 58.</h2>

In der Provinz Schleswig-Holstein unterliegt der Beschlußfassung des Kreisausschusses, in Stadtkreisen des Bezirksausschusses:

1) die Bestätigung von Bestimmungen der Gemeinden in Betreff der Anlegung, Verlegung oder Einziehung von Nebenwegen, öffentlichen Fußsteigen oder Landwegen nach §§ 226, 234 Absatz 1, 235 der Wegeverordnung für die Herzogthümer Schleswig und Holstein vom 1. März 1842 (Sammlung der Verordnungen S. 191) und § 7 Absatz 1 der Wegeordnung für das Herzogthum Lauenburg vom 7. Februar 1876 (Offizielles Wochenblatt S. 27);
2) die Anordnung der Verlegung von Nebenwegen nach § 226 Satz 1 der Wegeverordnung vom 1. März 1842, sowie die Anordnung der Anlegung

neuer Landwege oder der Verlegung oder besseren Einrichtung bestehender Landwege im Kreise Herzogthum Lauenburg nach § 7 Absatz 2 der Wege=ordnung vom 7. Februar 1876;

3) die Genehmigung des Zusammentretens von Gemeinden und Gutsbezirken zu einem Verbande behufs gemeinsamer Herstellung und Unterhaltung von Nebenwegen nach § 13 des Gesetzes vom 26. Februar 1879, betreffend die Abänderung der Wegegesetzgebung für die Provinz Schleswig=Holstein u. s. w. (Gesetz=Samml. S. 94);

4) die Anordnung der im Interesse der Sicherheit der Wegebenutzung nach § 14 der Wegeverordnung vom 1. März 1842 zulässigen Beschränkungen der Benutzung von Grundstücken in der Nähe öffentlicher Wege.

§ 59.

In der Provinz Schleswig=Holstein beschließt der Bezirksausschuß:

1) über die Zulassung einzelner Ausnahmen von den Regeln hinsichtlich der Breite und der Herstellungsart der Nebenwege nach § 221 der Wegever=ordnung vom 1. März 1842;

2) über die Herstellungsart derjenigen neu auszubauenden Nebenlandstraßen, hinsichtlich welcher die Kreise aus Provinzialmitteln eine Unterstützung nicht erhalten, nach § 146 der Wegeverordnung vom 1. März 1842 und § 7 Absatz 3 des Gesetzes vom 26. Februar 1879.

§ 60.

In der Provinz Hannover beschließt:

1) in Landkreisen der Kreisausschuß, in Stadtkreisen sowie in den bezüglich der Verwaltung der allgemeinen Landesangelegenheiten selbstständigen Städten der Bezirksausschuß:

    a. über Beschwerden Betheiligter gegen Bestimmungen der Gemeinden darüber, welche Wege als Gemeindewege anzulegen, aufzugeben oder für solche zu erklären sind (§ 11 des Hannoverschen Gesetzes vom 8. Juli 1851 über Gemeindewege und Landstraßen — Han=noversche Gesetz=Samml. S. 141);

    b. über Beschränkungen des Gebrauchs von Gemeindewegen auf be=stimmte Zwecke des Verkehrs oder hinsichtlich einzelner Arten der Beförderungsmittel (§ 17 a. a. O.);

    c. über Beschwerden Betheiligter gegen die Anordnung der gesetzlichen Gemeindevertretung in Betreff der Theilung eines Gemeindebezirks in Unterbezirke zur abgesonderten Anlegung oder Unterhaltung von Gemeindewegen (§ 24 Absatz 2 Nr. 2 und Absatz 4 a. a. O.);

2) der Bezirksausschuß über zeitweilige Beschränkungen des Gebrauchs von Landstraßen hinsichtlich der Zwecke des Verkehrs oder der Beförderungs=mittel (§ 18 a. a. O.).

3) Ueber die Verbindung mehrerer benachbarter Ortsgemeinden zur gemein=schaftlichen Anlegung und Unterhaltung der für sie alle wichtigen Ge=meindewege innerhalb des einen oder anderen Bezirks (§ 24 Absatz 2 Nr. 1 und Absatz 3 a. a. O.) beschließt

<ul>
<li>a. der Kreisausschuß, wenn die betheiligten Gemeinden demselben Kreise angehören;</li>
<li>b. der Bezirksausschuß, wenn ein Stadtkreis oder eine bezüglich der Verwaltung der allgemeinen Landesangelegenheiten selbstständige Stadt betheiligt ist, oder die Gemeinden verschiedenen Kreisen, aber demselben Regierungsbezirke angehören;</li>
<li>c. der Provinzialrath, wenn die Gemeinden verschiedenen Regierungsbezirken angehören.</li>
</ul>

§ 61.

Für den Umfang des Regierungsbezirkes Cassel beschließt der Bezirksausschuß an Stelle der Bezirksregierung:

über die Heranziehung der Gemeinden und Gutsbezirke zum Wegebau außerhalb ihrer Gemarkungen, sowie über die Vertheilung der Wegebaulast (§§ 2, 3 und 4 des Gesetzes, betreffend die Abänderung der Wegegesetze im Regierungsbezirke Cassel, vom 16. März 1879 — Gesetz-Samml. S. 225).

§ 62.

Für den Umfang des vormaligen Herzogthums Nassau beschließt der Bezirksausschuß über die Feststellung des Beitrages der Gemeinden zu den Kosten der Herstellung chaussirter Verbindungsstraßen nach Maßgabe der §§ 5 und 6 des Nassauischen Gesetzes, betreffend die Erbauung chaussirter Verbindungsstraßen, vom 2. Oktober 1862 (Verordnungsblatt S. 176).

Die im § 7 a. a. O. dem Amtsbezirksrathe vorbehaltene Beschlußfassung steht dem Kreisausschusse zu. Gegen diesen Beschluß steht der Chausseebauverwaltung und den betheiligten Gemeinden binnen zwei Wochen die Beschwerde an den Bezirksausschuß offen.

§ 63.

Für den Umfang der vormals Großherzoglich Hessischen Landestheile beschließt der Kreisausschuß über die Ertheilung der Genehmigung:

<ol>
<li>zur Ausführung neuer Ortsstraßen und Vizinalwege seitens der Gemeinden in Gemäßheit des Gesetzes vom 4. Juli 1812, das Rechnungswesen der Gemeinden u. s. w. betreffend;</li>
<li>zur Bildung von Vizinalwegeverbänden in Gemäßheit des Großherzoglich Hessischen Gesetzes vom 6. November 1860, die Anlegung und Unterhaltung der Vizinalwege betreffend (Großherzoglich Hessisches Regierungsbl. S. 333).</li>
</ol>

§ 64.

Ueber den besonderen Beitrag, welchen die Unternehmer von Fabriken u. s. w., durch deren Betrieb Wege in erheblicher Weise benutzt werden, nach bestehenden Gesetzen (Gesetz vom 26. Februar 1877, betreffend eine Abänderung des Hannoverschen Gesetzes über Gemeindewege und Landstraßen, — Gesetz-Samml. S. 18; § 24 der Wegeordnung für das Herzogthum Lauenburg vom 7. Februar 1876 — Lauenburgisches Offizielles Wochenbl. S. 27; § 7 des Gesetzes vom 16. März 1879, betreffend die Abänderung der Wegegesetze im Regierungsbezirke Cassel — Gesetz-Samml.

S. 225) zu den Kosten der Unterhaltung oder des Neubaues des betreffenden Weges zu leisten haben, entscheidet auf Klage des Wegepflichtigen in erster Instanz:

> bei Gemeindewegen in Landkreisen der Kreisausschuß, bei sonstigen Wegen der Bezirksausschuß.

In der Provinz Hannover steht bei den Gemeindewegen in allen bezüglich der allgemeinen Landesverwaltung selbständigen Städten diese Entscheidung dem Bezirks=ausschusse zu.

XII. Titel.
Wasserpolizei.
A. Räumung von Gräben, Bächen und Wasserläufen.
§ 65.

Ueber den Erlaß von Reglements (Regulativen) wegen Räumung von Gräben, Bächen und Wasserläufen beschließt in den durch die nachstehend bezeichneten Gesetze vorgesehenen Fällen an Stelle der bisher zuständigen Behörde der Kreis=(Stadt=) Ausschuß (§ 3 des Vorfluthgesetzes für Neuvorpommern und Rügen vom 9. Februar 1867 — Gesetz=Samml. S. 220; Artikel 10 und 15 des Großherzoglich Hessischen Gesetzes vom 18. Februar 1853, betreffend die Aufräumung und Unterhaltung der Bäche, — Regierungsbl. S. 65; Artikel 39 des Landgräflich Hessischen Gesetzes vom 15. Juli 1862, betreffend die Errichtung und Beaufsichtigung der Wassertrieb=werke an Bächen u. s. w., — Archiv S. 895).

§ 66.

Gegen die Anordnungen der für die Wahrnehmung der Wasserpolizei zuständigen Behörde wegen Räumung von Gräben, Bächen und Wasserläufen, beziehungsweise wegen Aufbringung oder Vertheilung der dazu erforderlichen Kosten findet als Rechts=mittel innerhalb zwei Wochen der Einspruch an die Wasserpolizeibehörde statt. Dabei finden die Vorschriften des zweiten und dritten Absatzes des § 56 sinngemäße Anwendung.

Ueber den Einspruch hat die Wasserpolizeibehörde zu beschließen. Gegen den Beschluß der Behörde findet die Klage im Verwaltungsstreitverfahren statt. Dieselbe ist, soweit der Inanspruchgenommene zu der ihm angesonnenen Leistung aus Gründen des öffentlichen Rechts statt seiner einen Anderen für verpflichtet erachtet, zugleich gegen diesen zu richten.

Auch im Uebrigen unterliegen Streitigkeiten der Betheiligten darüber, wem von ihnen die öffentlich=rechtliche Verbindlichkeit zur Räumung von Gräben und sonstigen Wasserläufen obliegt, der Entscheidung im Verwaltungsstreitverfahren.

Die Klage ist in den Fällen des zweiten Absatzes innerhalb zwei Wochen an=zubringen. Die zuständige Behörde kann zur Vervollständigung der Klage eine an=gemessene Nachfrist gewähren. Durch den Ablauf dieser Fristen wird jedoch die Klage im Verwaltungsstreitverfahren auf Erstattung des Geleisteten gegen einen aus Gründen des öffentlichen Rechts Verpflichteten nicht ausgeschlossen.

Zuständig im Verwaltungsstreitverfahren ist in erster Instanz der Kreisausschuß, in Stadtkreisen und, wenn die Klage gegen Beschlüsse des Landraths gerichtet ist, sowie in Städten mit mehr als 10 000 Einwohnern der Bezirksausschuß.

Auf Gräben, Bäche und Wasserläufe im Bezirke eines Deichverbandes finden die vorstehenden Bestimmungen keine Anwendung.

B. Stau-, Entwässerungs- und Bewässerungsanlagen, sowie Verschaffung der Vorfluth.

I. Vorschriften für den betreffenden Geltungsbereich folgender Gesetze:

1) Gesetz vom 15. November 1811 wegen des Wasserstauens bei Mühlen und Verschaffung von Vorfluth (Gesetz-Samml. S. 352);
2) Rheinisches Ruralgesetz vom 28. September 1791;
3) Rheinisches Ressortreglement vom 20. Juli 1818;
4) Gesetz vom 11. Mai 1853, betreffend die Anwendung der Vorfluthgesetze auf unterirdische Wasserleitungen (Gesetz-Samml. S. 182);
5) Gesetz vom 14. Juni 1859 wegen Verschaffung der Vorfluth in den Bezirken des Appellationsgerichtshofes zu Cöln und des Justizsenats zu Ehrenbreitstein, sowie in den Hohenzollernschen Landen (Gesetz-Samml. S. 325);
6) Vorfluthgesetz für Neuvorpommern und Rügen vom 9. Februar 1867 (Gesetz-Samml. S. 220);
7) Gesetz über die Benutzung der Privatflüsse vom 28. Februar 1843 (Gesetz-Samml. S. 41);
8) Verordnung vom 9. Januar 1845, betreffend die Einführung des Gesetzes vom 28. Februar 1843 über die Benutzung der Privatflüsse in dem Bezirke des Appellationsgerichtshofes zu Cöln (Gesetz-Samml. S. 35);
9) Gesetz vom 23. Januar 1846, betreffend das für Entwässerungsanlagen einzuführende Aufgebots- und Präklusionsverfahren (Gesetz-Samml. S. 26);
10) Wiesenordnung für den Kreis Siegen vom 28. Oktober 1846 (Gesetz-Samml. S. 485).

a. Festsetzung der Höhe des Wasserstandes bei Stauwerken.

§ 67.

Behufs Festsetzung der Höhe des Wasserstandes bei Stauwerken erfolgt die Ernennung der sachverständigen Kommissarien endgültig durch Beschluß des Kreis- (Stadt-) Ausschusses. Eine Zuziehung des Gerichtes findet ferner nicht statt.

Gegen die durch die Kommissarien beim Mangel rechtsverbindlicher deutlicher Bestimmungen bewirkte Festsetzung des Wasserstandes steht den Betheiligten die Klage bei dem Kreis- (Stadt-) Ausschusse zu.

Streitigkeiten darüber, ob die Höhe des Wasserstandes in rechtsverbindlicher und deutlicher Weise bestimmt sei, unterliegen der Entscheidung im Verwaltungsstreitverfahren vor dem Kreis- (Stadt-) Ausschusse. Der Kreis- (Stadt-) Ausschuß ist befugt, durch endgültigen Beschluß einen Wasserstand, welcher bis zur rechtskräftigen Entscheidung im Verwaltungsstreitverfahren inne zu halten ist, vorläufig festzusetzen (§§ 1 bis 7 des Gesetzes vom 15. November 1811; §§ 4 bis 11 des Gesetzes vom 9. Februar 1867; Titel II Artikel 16 des Rheinischen Ruralgesetzes vom 28. September 1791; § 2 Nr. 3 und 4 des Rheinischen Ressortreglements vom 20. Juli 1818).

b. Verschaffung von Vorfluth.

§ 68.

Der Kreis- (Stadt-) Ausschuß beschließt:

1) über Anträge auf Verschaffung von Vorfluth, und zwar nach einer vorgängigen, von ihm anzuordnenden örtlichen Untersuchung (§§ 103 bis

109 und 113 bis 116 Theil I Titel 8 Allgemeinen Landrechts; §§ 11 bis 18 des Vorfluthgesetzes vom 15. November 1811; Artikel 3 des Gesetzes vom 11. Mai 1853; §§ 14 bis 16, 18 bis 21 des Gesetzes vom 9. Februar 1867; §§ 4 ff. des Vorfluthgesetzes vom 14. Juni 1859). Das schiedsrichterliche Verfahren nach den Bestimmungen der §§ 15 ff. des Vorfluthgesetzes vom 15. November 1811 findet auch auf die Fälle der §§ 103 bis 109 und 113 bis 116 Theil I Titel 8 Allgemeinen Landrechts Anwendung;

2) über Anträge auf Mitbenutzung einer Entwässerungsanlage und auf Abänderungen eines Entwässerungsplans (§§ 17, 20 des Gesetzes vom 9. Februar 1867).

Gegen den Beschluß findet innerhalb zwei Wochen der Antrag auf mündliche Verhandlung im Verwaltungsstreitverfahren statt.

§ 69.

Die Aufforderung zur Schiedsrichterwahl, die Ernennung des Obmannes, sowie der von den Betheiligten nicht rechtzeitig gewählten Schiedsrichter und die Ermächtigung des Schiedsgerichts erfolgt endgültig durch Beschluß des Kreis- (Stadt-) Ausschusses (§§ 22, 23, 25, 27 des Gesetzes vom 15. November 1811; §§ 23, 24, 26 des Gesetzes vom 9. Februar 1867).

§ 70.

Der Kreis- (Stadt-) Ausschuß beschließt:

1) über die Rechtmäßigkeit der Ablehnung des Schiedsrichteramts (§ 30 des Gesetzes vom 15. November 1811; § 24 des Gesetzes vom 9. Februar 1867);

2) über die Zurückweisung unzulässiger Schiedsrichter (§§ 28, 29 des Gesetzes vom 15. November 1811; § 24 des Gesetzes vom 9. Februar 1867);

3) über die Festsetzung der Vergütung der Schiedsrichter (§ 33 des Gesetzes vom 15. November 1811; § 27 des Gesetzes vom 9. Februar 1867);

4) über die Festsetzung der Vergütung der Kommissarien (§ 27 des Gesetzes vom 9. Februar 1867).

Gegen die Beschlüsse des Kreis- (Stadt-) Ausschusses steht innerhalb zwei Wochen den Betheiligten der Antrag auf mündliche Verhandlung im Streitverfahren zu, in welchem der Kreis- (Stadt-) Ausschuß endgültig entscheidet.

§ 71.

Die Anfechtung der schiedsrichterlichen Entscheidung erfolgt innerhalb sechs Wochen im Wege der Klage bei dem Kreis- (Stadt-) Ausschusse (§§ 25, 26 des Gesetzes vom 15. November 1811; § 26 des Gesetzes vom 9. Februar 1867).

§ 72.

Die Vorschrift in § 28 des Gesetzes vom 9. Februar 1867 wegen exekutivischer Einziehung von Kosten und Kostenvorschüssen durch die Bezirksregierung ist aufgehoben.

c. Bewässerungsanlagen.

§ 73.

Der Bezirksausschuß beschließt über die Beschränkung der Ableitung des Wassers, wenn durch eine Bewässerungsanlage das öffentliche Interesse gefährdet oder der nothwendige Wasserbedarf den unterhalb liegenden Einwohnern entzogen wird (§ 15 des Gesetzes vom 28. Februar 1843; § 3 der Wiesenordnung für den Kreis Siegen vom 28. Oktober 1846).

§ 74.

Der Kreis= (Stadt=) Ausschuß faßt den Präklusionsbescheid bei Bewässerungs= anlagen ab (§§ 19 bis 22, beziehungsweise 6 bis 9 a. a. O.). Gegen die Präklusion ist das Restitutionsgesuch innerhalb zwei Wochen bei dem Kreis= (Stadt=) Ausschusse anzubringen, welcher darüber im Verwaltungsstreitverfahren entscheidet. Auf Berufung entscheidet der Bezirksausschuß endgültig.

Das Gleiche gilt bezüglich des Präklusionsverfahrens bei Entwässerungsanlagen (Gesetz vom 23. Januar 1846; Artikel 3 des Gesetzes vom 11. Mai 1853; § 29 des Gesetzes vom 9. Februar 1867).

§ 75.

Ueber Widersprüche gegen eine Bewässerungsanlage des Uferbesitzers (§§ 16a und b, 17, 23 Absatz 1 und 2 des Gesetzes vom 28. Februar 1843; § 12 der Wiesenordnung vom 28 Oktober 1846) entscheidet der Kreis= (Stadt=) Ausschuß im Verwaltungsstreitverfahren.

§ 76.

Die Anträge eines Uferbesitzers auf Einräumung oder Beschränkung von Rechten behufs Ausführung oder Erhaltung von Bewässerungsanlagen sind bei dem Kreis= (Stadt=) Ausschusse anzubringen.

Behufs Prüfung des Antrags an Ort und Stelle und Vernehmung der Bethei= ligten ernennt der Kreis= (Stadt=) Ausschuß einzelne seiner Mitglieder oder andere Sachverständige, welche das Ergebniß der Erhebung unter Beifügung ihres Gutachtens festzustellen haben.

Demnächst beschließt der Kreis= (Stadt=) Ausschuß über die Vorfrage, ob ein überwiegendes Landeskulturinteresse vorwalte (§§ 30 bis 32 des Gesetzes vom 28. Februar 1843).

§ 77.

Der Kreis= (Stadt=) Ausschuß ernennt endgültig die Kommissarien für das fernere Verfahren und beschließt über die erhobenen Widersprüche gegen den von den Kommissarien entworfenen Plan, sowie über die Frist zu seiner Ausführung.

Gegen den Beschluß findet innerhalb zwei Wochen der Antrag auf mündliche Verhandlung im Verwaltungsstreitverfahren statt (§§ 33 bis 44 a. a. O.).

§ 78.

Der Kreis= (Stadt=) Ausschuß ernennt endgültig die Taxatoren und stellt die Entschädigung durch Endurtheil fest.

Gegen das Endurtheil steht dem Berechtigten nur die Berufung an das Ober= landeskulturgericht zu (§§ 43 bis 47, 54 und 55 a. a. O.).

§ 79.

Die Einziehung und Auszahlung oder Hinterlegung der festgestellten Entschädi= gungssumme liegt dem Landrathe, in Stadtkreisen dem Gemeindevorstande ob.

§ 80.

Ueber den Antrag auf vorläufige Gestattung der Anlage und die Höhe der zu erlegenden Kaution beschließt der Kreis- (Stadt-) Ausschuß.

II. Vorschriften für den Geltungsbereich der provisorischen Verfügung für die Geestdistrikte des Herzogthums Schleswig vom 6. September 1863 (Chronologische Samml. S. 232).

§ 81.

Gegen die Anordnungen, Festsetzungen und Erkenntnisse der Wasserlösungs-kommissionen und der Schauungsmänner findet innerhalb zwei Wochen die Klage bei dem Kreis- (Stadt-) Ausschusse statt. Derselbe kann zur Vervollständigung der Klage eine angemessene Nachfrist gewähren.

Die Wasserlösungskommission und beziehungsweise die Schauungsmänner ent-scheiden durch Erkenntniß auch:

1) auf Beschwerde gegen Verfügungen der von den Wasserlösungskommissionen Kommittirten (§ 22 a. a. O.),

2) in Streitigkeiten der Betheiligten unter einander über die ihnen aus dem Gesetz oder den rechtlich bestehenden Regulativen zustehenden Rechte und Pflichten.

Im Falle des Schlußsatzes des § 17 a. a. O. entscheidet der Kreis- (Stadt-) Ausschuß im Verwaltungsstreitverfahren.

Gegen Verfügungen des Landraths an die in Wasserlösungsangelegenheiten Be-theiligten steht denselben innerhalb zwei Wochen die Klage bei dem Bezirksausschusse zu.

III. Vorschriften für den Geltungsbereich der Wasserlösungsordnung für die Geestdistrikte des Herzog-thums Holstein vom 16. Juli 1857 (Gesetz- und Ministerialbl. S. 208) und der Wasserlösungsordnung für den Kreis Herzogthum Lauenburg vom 22. Mai 1857 (Gesetz- und Ministerialbl. S. 135).

§ 82.

Die Entscheidung

1) über Beschwerden gegen Verfügungen der Behörden, durch welche die Be-theiligten zur Erfüllung der durch das Gesetz oder durch die rechtlich be-stehenden Regulative bestimmten Verpflichtungen angehalten werden,

2) über Streitigkeiten unter den Betheiligten über die ihnen aus dem Gesetz oder aus den rechtlich bestehenden Regulativen entspringenden Rechte und Pflichten

erfolgt nach Maßgabe der §§ 10 und 12, beziehungsweise § 9 und 11 der gedachten Verordnungen.

Gegen die Entscheidung findet innerhalb zwei Wochen die Klage im Verwaltungs-streitverfahren statt. Zuständig ist in erster Instanz der Kreisausschuß, in Stadt-kreisen und in Städten über 10 000 Einwohner, sowie wenn die Beschwerde gegen die Verfügung des Landraths gerichtet ist, der Bezirksausschuß.

Ueber Anträge auf Regulirungen, insbesondere über den Erlaß von Regulativen, durch welche die Rechte und Pflichten der an einer Wasserlösung Betheiligten nach Maßgabe der §§ 2 bis 9 und 11, beziehungsweise §§ 2 bis 8 und 10 der gedachten Verordnungen bestimmt werden sollen, beschließt der Kreis- (Stadt-) Ausschuß.

Die betreffenden Schaukommissionen sind vor dem Beschlusse zu hören und haben auf Erfordern des Kreis- (Stadt-) Ausschusses die Untersuchung und Vermittelung vorzunehmen.

Gegen den Beschluß des Kreis= (Stadt=) Ausschusses findet innerhalb zwei Wochen der Antrag auf mündliche Verhandlung im Verwaltungsstreitverfahren statt.

IV. Vorschriften für den Geltungsbereich des Hannoverschen Gesetzes vom 22. August 1847 über Ent= und Bewässerung der Grundstücke, sowie über Stauanlagen (Hannoversche Gesetz=Samml. S. 262).

§ 83.

In erster Instanz beschließt der Bezirksausschuß an Stelle der Landdrostei und der Kreis= (Stadt=) Ausschuß — in den bezüglich der Verwaltung der allgemeinen Landesangelegenheiten selbstständigen Städten der Bezirksausschuß — an Stelle der Obrigkeit (§§ 98, 99 a. a. O.) über die nach jenem Gesetze (§§ 4, 47, 53, 68, 74, 86, 87, 90) für die Vorrichtung neuer Entwässerungs=, Bewässerungs= und Stauanlagen, sowie für die Aenderung und Aufhebung solcher Anlagen erforderliche vorgängige Genehmigung der zuständigen Behörde (zu vergleichen jedoch § 84 Ziffer 1).

§ 84.

Der Kreis= (Stadt=) Ausschuß beschließt über Anträge:

1) auf Zulassung neuer Entwässerungs=, Bewässerungs= oder Stauanlagen, oder auf Aenderung oder Wegräumung derartiger Anlagen gegen den Widerspruch Betheiligter (§ 97 a. a. O.);
2) auf Setzung eines Stauziels u. s. w. (§§ 75 bis 77 a. a. O.) für vorhandene Stauanlagen (§ 79 a. a. O.);
3) auf den Eintritt in eine oder auf den Austritt aus einer Entwässerungs= oder Bewässerungsgenossenschaft, welche auf Grund des Hannoverschen Gesetzes vom 22. August 1847 oder vor Erlaß desselben errichtet und als öffentliche Genossenschaft im Sinne des Gesetzes vom 1. April 1879, betreffend die Bildung von Wassergenossenschaften (Gesetz=Samml. S. 297), nicht begründet ist (§§ 47 bis 52, §§ 68 und 69 a. a. O.).

Gegen den Beschluß des Kreis= (Stadt=) Ausschusses findet innerhalb zwei Wochen der Antrag auf mündliche Verhandlung im Verwaltungsstreitverfahren statt.

V. Vorschriften für den Geltungsbereich der Kurhessischen Verordnung vom 31. Dezember 1824, betreffend den Wasserbau (Kurhessische Gesetz=Samml. S. 99), des Kurhessischen Gesetzes vom 28. Oktober 1834, betreffend die Beseitigung mehrerer der Verbesserung des Acker= und Wiesenbaues entgegenstehenden Hindernisse (Kurhessische Gesetz=Samml. S. 156) und des Kurhessischen Gesetzes vom 17. Dezember 1857, betreffend die Ausführung von Entwässerungsanlagen mittelst unterirdischer Röhren (Kurhessische Gesetz=Samml. S. 51).

§ 85.

Der Bezirksausschuß beschließt über die Ertheilung der nach §§ 16 und 17 Absatz 2 der Verordnung vom 31. Dezember 1824 erforderlichen Genehmigung zu den dort bezeichneten Wasserbauanlagen und zu Veränderungen an vorhandenen derartigen Anlagen (zu vergleichen jedoch § 86 Ziffer 1 und 3).

§ 86.

Der Kreis= (Stadt=) Ausschuß beschließt über Anträge:

1) auf Zulassung oder Veränderung der im § 85 bezeichneten Wasserbauanlagen gegen den Widerspruch Betheiligter;
2) auf Setzung von Aichpfählen bei vorhandenen Stauanlagen und über den Widerspruch Betheiligter;

3) auf Führung von Bewässerungs= oder Entwässerungsgräben oder Drains durch fremde Grundstücke, auf Gestattung von Vorarbeiten für Drains= anlagen auf fremden Grundstücken, oder auf Anlegung von Werken zum Stauen oder zur Hebung des Wassers auf fremden Grundstücken, nach §§ 6 bis 9 des Gesetzes vom 28. Oktober 1834 und nach dem Gesetze vom 17. Dezember 1857;

4) auf Feststellung des Beitrags, welchen Gemeinden oder Private nach § 3 Absatz 2 der Verordnung vom 31. Dezember 1824 zu den Kosten von Wasserbauten zu leisten haben, welche nach ihrem Gegenstande und Zwecke nicht nur als Staats, sondern zugleich als Gemeinde= oder Privatbauten erscheinen, nach § 18 der Verordnung vom 31. Dezember 1824.

Gegen den Beschluß des Kreis=(Stadt=)Ausschusses findet innerhalb zwei Wochen der Antrag auf mündliche Verhandlung im Verwaltungsstreitverfahren statt.

VI. Vorschriften für den Geltungsbereich der Nassauischen Verordnung vom 27. Juli 1858, betreffend Entwässerungs= und Bewässerungsanlagen (Verordnungsbl. S. 100); der Großherzoglich Hessischen Gesetze vom 18. Februar 1853, betreffend die Aufräumung und Unterhaltung der Bäche (Regierungsbl. S. 65); vom 19. Februar 1853, betreffend die Regulirung der Bäche (Regierungsbl. S. 70); vom 20. Februar 1853, betreffend die Errichtung und Beaufsichtigung der Wassertriebwerke (Regierungsbl. S. 75) und vom 2. Januar 1858, betreffend die Entwässerung von Grundstücken (Regierungsbl. S. 33); beziehungsweise der Landgräflich Hessischen Gesetze vom 15. Juli 1862 über Errichtung und Beauf= sichtigung der Wassertriebwerke (Archiv S. 895) und vom 15. Juli 1862, betreffend die Entwässerung von Grundstücken (Archiv S. 889).

§ 87.

Der Bezirksausschuß beschließt an Stelle der Bezirksregierung:

1) über die nach Artikel 4 des Großherzoglich Hessischen Gesetzes vom 18. Februar 1853 erforderliche Genehmigung der vertragsmäßigen Ver= einigung mehrerer Gemeinden zu einem Verbande (Konkurrenz), behufs gemeinsamer Aufbringung der Kosten für Aufräumung und Unterhaltung eines Baches;

2) über die Genehmigung zu einer Bachregulirung, zu Ent= und Bewässe= rungsanlagen oder zur Anlage von Wassertriebwerken nach §§ 2, 19, 25 und 26 der Nassauischen Verordnung vom 27. Juli 1858 (zu ver= gleichen jedoch § 89 Ziffer 1 und 4);

3) über die Genehmigung zur Anlegung oder Veränderung von Wassertrieb= werken nach §§ 1 und 15 der Großherzoglich Hessischen Verordnung vom 20. Februar 1853 und des Landgräflich Hessischen Gesetzes vom 15. Juli 1862 (zu vergleichen jedoch § 89 Ziffer 4).

§ 88.

Der Kreisausschuß beschließt über die Anlegung von Schwellen in den Sohlen regulirter Bäche nach § 5 der Nassauischen Verordnung vom 27. Juli 1858 und Artikel 20 des Großherzoglich Hessischen Gesetzes vom 19. Februar 1853.

§ 89.

Der Kreisausschuß beschließt über Anträge:

1) auf Zulassung von Bachregulirungen, sowie neuer Ent= und Bewässerungs= anlagen gegen den Widerspruch Betheiligter nach § 2 der Nassauischen Verordnung vom 27. Juli 1858;

2) auf Ausführung von Entwässerungsanlagen gegen den Widerspruch Betheiligter nach §§ 1, 21 und 32 des Großherzoglich Hessischen Gesetzes vom 2. Januar 1858 und des Landgräflich Hessischen Entwässerungsgesetzes vom 15. Juli 1862;

3) auf Entscheidung über Widersprüche von Gemeinden gegen eine Bachregulirung oder gegen die Uebernahme der durch eine Bachregulirung entstehenden Kosten und über das Verhältniß, in welchem die Kosten einer Bachregulirung auf mehrere Gemeinden zu vertheilen sind, nach Artikel 10, 7 und 8 des Großherzoglich Hessischen Gesetzes vom 19. Februar 1853;

4) auf Genehmigung zur Errichtung, sowie zur Veränderung von Triebwerken an Bächen und deren Seitengräben gegen den Widerspruch Betheiligter nach §§ 19, 25, 26 und 27 der Nassauischen Verordnung vom 27. Juli 1858, beziehungsweise Artikel 8 und 10 des Großherzoglich Hessischen Gesetzes vom 20. Februar 1853 und des Landgräflich Hessischen Gesetzes vom 15 Juli 1862;

5) auf Setzung von Aichpfählen an bereits bestehenden Triebwerken nach § 28 der Nassauischen Verordnung vom 27. Juli 1858, beziehungsweise Artikel 20 und 21 des Großherzoglich Hessischen Gesetzes vom 20. Februar 1853 und des Landgräflich Hessischen Gesetzes vom 15. Juli 1862.

Gegen den Beschluß des Kreisausschusses findet innerhalb zwei Wochen der Antrag auf mündliche Verhandlung im Verwaltungsstreitverfahren statt.

VII. Vorschriften für den Geltungsbereich des Bayerischen Gesetzes über Benutzung des Wassers vom 28. Mai 1852 (Bayerisches Gesetzblatt S. 489).

§ 90.

Der Bezirksausschuß beschließt:

1) über die im Interesse der Erhaltung des nöthigen Wasserbedarfs für eine Ortschaft erforderlichen Beschränkungen hinsichtlich der Ableitung des Wassers nach § 58 a. a. O.;

2) über Anträge auf Genehmigung zur Errichtung oder Abänderung von Stauanlagen nach Artikel 61 und 82 a. a. O. (zu vergleichen jedoch § 91 Ziffer 4).

§ 91.

Der Kreisausschuß beschließt über Anträge:

1) auf Genehmigung zu einer Abweichung von der gesetzlichen Beschränkung der Uferanlieger in der Benutzung des Wassers nach Artikel 54 Absatz 2 und § 58 a. a. O.;

2) auf Vertheilung des Wassers unter die Berechtigten bei Verminderung des Wasserstandes nach Artikel 60 a. a. O.;

3) auf Zuweisung von Wasser für Grundstücke, welche nicht an dem Flusse liegen, nach Artikel 62 und 63 a. a. O.;

4) auf Genehmigung zur Errichtung oder Abänderung von Stauvorrichtungen und Triebwerken oder auf Setzung eines Stauziels gegen den Widerspruch Betheiligter nach Artikel 61, 73, 76, 77, 83 und 84 a. a. O.;

5) auf Zuleitung oder Ableitung des für eine Be- oder Entwässerung erforderlichen Wassers durch fremde Grundstücke.

Gegen den Beschluß des Kreisausschusses findet innerhalb zwei Wochen der
Antrag auf mündliche Verhandlung im Verwaltungsstreitverfahren statt.

VIII. Vorschriften für den Geltungsbereich der Mühlenordnung für das Fürstenthum Hohenzollern-
Sigmaringen vom 8. November 1845 (Gesetz-Samml. für Hohenzollern-Sigmaringen Bd. VII S. 157).

§ 92.

Der Bezirksausschuß beschließt über die Feststellung von Instruktionen für die
Einrichtung und Benutzung der Mühlenhauptkanäle nach § 27 Nr. 12 a. a. O.

§ 93.

Der Amtsausschuß beschließt über die Einrichtung von Fluthschleusen an Mühlen-
wehren zur Verhütung von Ueberschwemmungen nach § 27 Nr. 13 a. a. O.

Der Amtsausschuß beschließt ferner über Anträge:

1) auf Errichtung, Veränderung oder Wiederherstellung von Wassermühlen
   nach § 23 II, § 5 III, § 8 a. a. O.;

2) auf Gewährung einer Entschädigung an einen Mühlenbesitzer für die Einrichtung von Fluthschleusen nach § 27 Nr. 13 a. a. O.;

3) auf Benutzung des Wassers für Mühlen und die Gewährung bezüglicher
   Entschädigungen nach § 25 Absatz 2 a. a. O.

Gegen den Beschluß des Amtsausschusses in den Fällen zu 1 bis 3 findet
innerhalb zwei Wochen der Antrag auf mündliche Verhandlung im Verwaltungsstreitverfahren statt.

C. Allgemeine Bestimmungen.

§ 94.

Das Gesetz, betreffend die Bildung von Wassergenossenschaften vom 1. April 1879
(Gesetz-Samml. S. 297) kommt fortan mit folgenden Maßgaben zur Anwendung.

Die in § 49 Absatz 3 dem Kreis- (Stadt-) Ausschusse, in der Beschwerdeinstanz
dem Bezirksausschusse übertragene Aufsicht über Wassergenossenschaften wird fortan
vom Landrath als Vorsitzenden des Kreisausschusses, in Stadtkreisen von der Ortspolizeibehörde, in der Beschwerdeinstanz vom Regierungspräsidenten geführt. In den
Fällen der §§ 51, 53, 71 behält es bei der Zuständigkeit des Kreis- (Stadt-)
Ausschusses sein Bewenden.

An die Stelle des zweiten Absatzes des § 50 tritt folgende Bestimmung:

> Gegen die Verfügung oder Feststellung des Landraths oder der
> Ortspolizeibehörde steht der Genossenschaft innerhalb zwei Wochen die
> Klage bei dem Bezirksausschusse, gegen die Verfügung oder Feststellung
> des Regierungspräsidenten die Klage bei dem Oberverwaltungsgerichte zu.

In Betreff der Rechtsmittel gegen die Androhung, Festsetzung und Ausführung
des Zwangsmittels in den Fällen des § 54 finden die Bestimmungen der §§ 132 ff.
des Gesetzes über die allgemeine Landesverwaltung vom 30. Juli 1883 Anwendung.

Bei dem Verfahren zur Begründnng öffentlicher Wassergenossenschaften tritt,
sofern das Genossenschaftsgebiet die Grenzen eines Regierungsbezirks nicht überschreitet,
in den Fällen der §§ 73, 75, 76, 77, 93 und 94 der Regierungspräsident an die
Stelle des Oberpräsidenten, und im Falle des § 72 Ziffer 2 der Landrath, in

Stadtkreisen der Gemeindevorstand an die Stelle der Regierung. Die Befugniß zur Uebertragung der Leitung des Verfahrens an eine Auseinandersetzungsbehörde (§ 77 Absatz 1 Satz 2) verbleibt dem Oberpräsidenten.

Die §§ 53 Absatz 3, 97 und 98, sowie der im § 57 daselbst für den Fall einer anderweiten Organisation der höheren Verwaltungsbehörden gemachte Vorbehalt treten außer Kraft.

§ 95.

Durch die Vorschriften des gegenwärtigen Titels werden nicht berührt:

1) die Zuständigkeiten der zur Wahrnehmung der Strom-, Schifffahrts- und Hafenpolizei berufenen Behörden;

2) die Zuständigkeiten der Auseinandersetzungsbehörden zur Regelung der mit einer Auseinandersetzung verbundenen Wasserstau-, Ent- und Bewässerungs-anlagen;

3) die Bestimmungen der Reichsgewerbeordnung vom 21. Juni 1869 (Bundes-Gesetzbl. S. 245) über Stauanlagen für Wassertriebwerke und die darauf bezüglichen Zuständigkeitsvorschriften in §§ 109 ff. des gegenwärtigen Gesetzes.

XIII. Titel.

Deichangelegenheiten.

§ 96.

Der Bezirksausschuß beschließt, soweit es sich um Deiche handelt, welche zu keinem Deichverbande oder Deichbande gehören:

1) über die Genehmigung für neue und für die Verlegung, Erhöhung oder Beseitigung bestehender Deichanlagen nach § 1 bis 3 des Gesetzes über das Deichwesen vom 28. Januar 1848 — Gesetz-Samml. S. 54; §§ 16 und 17 der Kurhessischen Verordnung vom 31. Dezember 1824, betreffend den Wasserbau, — Kurhessische Gesetz-Samml. S. 99; Artikel 10, 36 und 40 des Bayerischen Gesetzes vom 28. Mai 1852, betreffend die Be-nutzung des Wassers, — Gesetz-Samml. für Bayern S. 489;

2) über die Herstellung ganz oder theilweise verfallener oder zerstörter Deiche und die Heranziehung der Pflichtigen zur Erhaltung oder Wiederherstellung nach §§ 4 und 5 des Gesetzes vom 28. Januar 1848;

3) über die interimistische Tragung der Deichbaulast und die Vertheilung der Beiträge nach §§ 6 bis 8 a. a. O.;

4) über die Beschränkung oder Untersagung der Nutzung eines Deichs nach § 24 a. a. O.

Die Beschwerde findet an den Minister für Landwirthschaft 2c. statt.

§ 97.

Befugnisse, welche hinsichtlich der Deichverbände den Bezirksregierungen (Land-drosteien) in Gemäßheit des Gesetzes über das Deichwesen vom 28. Januar 1848 übertragen worden sind, können durch Statut oder Statutenänderung den Kreis-(Stadt-) Ausschüssen, den Bezirksausschüssen oder Provinzialräthen überwiesen werden.

Auch können den vorbezeichneten Behörden Befugnisse hinsichtlich der Deichver=
bände und der Sielverbände (Schleusen=, Wettern=, Wasserlösungs= u. s. w. Verbände)
durch Statuten übertragen werden, mittelst welcher die innere Organisation der
Deich= und Sielverbände im Geltungsbereiche der besonderen Deichordnungen nach
Artikel IV des Gesetzes vom 11. April 1872 (Gesetz=Samml. S. 377) neu geregelt
und festgestellt wird.

XIV. Titel.
Fischereipolizei.

§ 98.

Der Bezirksausschuß beschließt:

1) über den Erlaß von Regulativen, betreffend die Beaufsichtigung und den
   Schutz der Laichschonreviere (§ 31 des Fischereigesetzes vom 30. Mai 1874,
   Gesetz=Samml. S. 197);
2) über die Genehmigung zur Ausführung von Fischpässen (§§ 36 und 39
   a. a. O.);
3) darüber, in welchen Zeiten des Jahres der Fischpaß geschlossen gehalten
   werden muß und in welcher Ausdehnung oberhalb und unterhalb des
   Fischpasses für die Zeit, während welcher der Fischpaß geöffnet ist, jede
   Art des Fischfanges verboten ist (§§ 41 und 42 a. a. O.).

§ 99.

Der Bezirksausschuß beschließt ferner:

1) über die Gestattung von Ableitungen nach § 43 Absatz 2 des Fischerei=
   gesetzes vom 30. Mai 1874 und über die Anordnungen von Vorkehrungen
   nach § 43 Absatz 3 a. a. O., sofern die betreffende Ableitung nicht Zu=
   behör einer der im § 16 der Reichsgewerbeordnung vom 21. Juni 1869
   (Bundes=Gesetzbl. S. 245) als genehmigungspflichtig bezeichneten Anlagen ist.
   Die Schlußbestimmung des § 43 des Fischereigesetzes wird in Betreff
   der im § 16 der Reichsgewerbeordnung nicht erwähnten Anlagen aufgehoben;
2) über die Gestattung von Ausnahmen von dem Verbote des Flachs= und
   Hanfrötens in nicht geschlossenen Gewässern (§ 44 a. a. O.).

§ 100.

Der Kreis= (Stadt=) Ausschuß führt die Aufsicht über die nach den §§ 9 und
10 des Fischereigesetzes vom 30. Mai 1874 gebildeten Genossenschaften.

Behauptet die Genossenschaft, daß eine im Aufsichtswege getroffene Verfügung
dem Statute oder dem Gesetze widerspricht, so steht ihr innerhalb zwei Wochen der
Antrag auf mündliche Verhandlung im Verwaltungsstreitverfahren zu.

§ 101.

Wird die Verpflichtung zur Theilnahme an den Lasten der nach den §§ 9 und 10
a. a. O. gebildeten Genossenschaften, oder
    wird das Recht zur Theilnahme an den Aufkünften aus der gemeinschaftlichen
Fischereinutzung (§ 10 a. a. O.) bestritten,
so hat hierüber der Genossenschaftsvorstand Bescheid zu ertheilen. Gegen den Be=

scheid findet innerhalb zwei Wochen die Klage bei dem Kreis= (Stadt=) Ausschusse statt. Die Entscheidung des Kreis= (Stadt=) Ausschusses ist vorläufig vollstreckbar.

§ 102.

Der Entscheidung des Bezirksausschusses unterliegen:

1) Streitigkeiten über die Frage, ob ein Gewässer als ein geschlossenes anzusehen ist (§ 4 a. a. O.);

2) Klagen der Fischereiberechtigten oder Fischereigenossenschaften auf weitere Beschränkung oder gänzliche Aufhebung von Fischereiberechtigungen, welche auf die Benutzung einzelner bestimmter Fangmittel oder ständiger Fischereivorrichtungen gerichtet sind (§ 5 Ziffer 2 a. a. O.).

XV. Titel.

Jagdpolizei.

§ 103.

In Jagdpolizeisachen beschließt, soweit die Beschlußfassung nach bestehendem Rechte den Verwaltungsbehörden zusteht, unbeschadet der nachfolgenden Bestimmungen, der Landrath, in Stadtkreisen die Ortspolizeibehörde.

Gegen Beschlüsse dieser Behörden, durch welche Anordnungen wegen Abminderung des Wildstandes getroffen oder Anträge auf Anordnung oder Gestattung solcher Abminderung abgelehnt werden, findet statt der allgemeinen Rechtsmittel innerhalb zwei Wochen die Beschwerde an den Bezirksausschuß statt. Der Beschluß des Bezirksausschusses ist endgültig.

§ 104.

Der Kreisausschuß, in Stadtkreisen der Bezirksausschuß, beschließt, soweit die Beschlußfassung nach bestehendem Rechte den Verwaltungsbehörden zusteht,

1) über die Genehmigung zur Bildung mehrerer für sich bestehender Jagdbezirke aus dem Bezirke einer Gemeine (Gemarkung, Feldmark);

2) über die Anordnung der Vereinigung mehrerer Gemeindebezirke (Gemarkungen, Feldmarken) zu einem gemeinschaftlichen Jagdbezirke gemäß § 6 der Verordnung, betreffend das Jagdrecht und die Jagdpolizei im ehemaligen Herzogthum Nassau, vom 30. März 1867 (Gesetz=Samml. S. 426) und § 8 des Lauenburgischen Gesetzes, betreffend das Jagdrecht und die Jagdpolizei, vom 17. Juli 1872 (Offizielles Wochenbl. Nr. 42).

Bestimmungen, wonach es zur Annahme eines Ausländers als Jagdpächters einer besonderen Genehmigung bedarf, finden auf Angehörige des Deutschen Reichs fortan keine Anwendung.

§ 105.

Streitigkeiten der Betheiligten über ihre in dem öffentlichen Rechte begründeten Berechtigungen und Verpflichtungen hinsichtlich der Ausübung der Jagd, insbesondere über

1) Beschränkungen in der Ausübung des Jagdrechts auf eigenem Grund und Boden,

2) Bildung von gemeinschaftlichen Jagdbezirken, Anschluß von Grundstücken an einen gemeinschaftlichen Jagdbezirk, oder Ausschluß von Grundstücken aus einem solchen,

3) Ausübung der Jagd auf fremden Grundstücken, welche von einem größeren
   Walde oder von einem oder mehreren selbstständigen Jagdbezirken um=
   schlossen sind, sowie die den Eigenthümern der Grundstücke zu gewährende
   Entschädigung

unterliegen der Entscheidung im Verwaltungsstreitverfahren.

Zuständig im Verwaltungsstreitverfahren ist in erster Instanz der Kreisausschuß,
in Stadtkreisen der Bezirksausschuß.

§ 106.

Auf Beschwerden und Einsprüche, betreffend die von der Gemeindebehörde oder
dem Jagdvorstande festgestellte Vertheilung der Erträge der gemeinschaftlichen Jagd=
nutzung, beschließt die Gemeindebehörde beziehungsweise der Jagdvorstand.

Gegen den Beschluß findet innerhalb zwei Wochen die Klage bei dem Kreis=
ausschusse, in Stadtkreisen bei dem Bezirksausschusse statt.

Die im ersten Absatze gedachte Feststellung bedarf keiner Genehmigung oder
Bestätigung von Seiten der Aufsichtsbehörde.

§ 107.

Der Bezirksausschuß beschließt über die Verlängerung, Verkürzung oder Auf=
hebung der gesetzlichen Schonzeit, soweit darüber nach bestehendem Rechte im Ver=
waltungswege Bestimmung getroffen werden kann. Der Beschluß ist endgültig.

§ 108.

Der Bezirksausschuß beschließt über die Erneuerung der auf den Schleswigschen
Westseeinseln bestehenden Konzessionen zur Errichtung von Vogelkojen, sowie über
die Ertheilung neuer Konzessionen (§ 6 des Gesetzes vom 1. März 1873, Gesetz=
Samml. S. 27).

XVI. Titel.

Gewerbepolizei.

A. Gewerbliche Anlagen.

§ 109.

Der Kreis= (Stadt=) Ausschuß, in den einem Landkreise angehörigen Städten
mit mehr als 10 000 Einwohnern der Magistrat (kollegialische Gemeindevorstand),
beschließt über Anträge auf Genehmigung zur Errichtung oder Veränderung gewerb=
licher Anlagen (§§ 16 bis 25 der Reichsgewerbeordnung vom 21. Juni 1869), soweit
konzessionspflichtige Anlagen der nachbezeichneten Art in Frage stehen:

Gasbereitungs= und Gasbewahrungsanstalten, Anstalten zur Destil=
lation von Erdöl, Anlagen zur Bereitung von Braunkohlentheer,
Steinkohlentheer und Koaks, Asphaltkochereien und Pechsiedereien,
Glas= und Rußhütten, Kalk=, Ziegel= und Gypsöfen, Metallgießereien,
Hammerwerke, Schnellbleichen, Firnißsiedereien, Stärkefabriken, Stärke=
syrupfabriken, Wachstuch=, Darmsaiten=, Dachpappen= und Dachfilz=
fabriken, Darmzubereitungsanstalten, Leim=, Thran= und Seifen=
siedereien, Knochenbrennereien, Knochendarren, Knochenkochereien und
Knochenbleichen, Hopfenschwefeldarren, Zubereitungsanstalten für Thier=
haare, Talgschmelzen, Schlächtereien, Gerbereien, Abdeckereien, Stroh=

papierstofffabriken, Stauanlagen für Wassertriebwerke, Fabriken, in
welchen Dampfkessel oder andere Blechgefäße durch Vernieten hergestellt
werden, Anstalten zum Imprägniren von Holz mit erhitzten Theerölen,
Kunstwollefabriken und Dégrasfabriken, endlich Dampfkessel mit Ausnahme der für den Gebrauch auf Eisenbahnen bestimmten Lokomotiven
und der zum Betriebe auf Bergwerken und Aufbereitungsanstalten
bestimmten Dampfkessel.

Im Falle fernerer Ergänzung des Verzeichnisses der konzessionspflichtigen Anlagen gemäß § 16, letzter Absatz, der Reichsgewerbeordnung bleibt die Bestimmung
darüber, für welche der in das Verzeichniß nachträglich aufgenommenen Anlagen
der Kreisausschuß (Stadtausschuß, Magistrat) zuständig ist, Königlicher Verordnung
vorbehalten.

§ 110.

Der Bezirksausschuß beschließt über Anträge auf Genehmigung zur Errichtung
oder Veränderung gewerblicher Anlagen, soweit die Beschlußnahme darüber nicht
nach § 109 dem Kreis- (Stadt-) Ausschusse (Magistrat) überwiesen ist.

Der Bezirksausschuß beschließt ferner im Einvernehmen mit dem zuständigen
Oberbergamte über die Zulässigkeit von Wassertriebwerken, welche zum Betriebe
von Bergwerken oder Aufbereitungsanstalten dienen (§ 59 Absatz 3 des Allgemeinen
Berggesetzes vom 24. Juni 1865, Gesetz-Samml. S. 705).

§ 111.

Der Bezirksausschuß beschließt auf Antrag der Ortspolizeibehörde darüber, ob
die Ausübung eines Gewerbes in Anlagen, deren Betrieb mit ungewöhnlichem Ge-
räusch verbunden ist, an der gewählten Betriebsstätte zu untersagen oder nur unter
Bedingungen zu gestatten ist (§ 27 der Reichsgewerbeordnung).

§ 112.

Die Befugniß, gemäß § 51 der Reichsgewerbeordnung die fernere Benutzung
einer gewerblichen Anlage wegen überwiegender Nachtheile und Gefahren für das
Gemeinwohl zu untersagen, steht dem Bezirksausschusse zu.

§ 113.

In den Fällen der §§ 109 bis 112 findet die Beschwerde an den Minister für
Handel und Gewerbe statt. Sofern bei Stauanlagen Landeskulturinteressen in Betracht
kommen, ist der Minister für Landwirthschaft zuzuziehen.

B. Gewerbliche Konzessionen.

§ 114.

Ueber Anträge auf Ertheilung der Erlaubniß zum Betriebe der Gastwirthschaft
oder Schankwirthschaft, zum Kleinhandel mit Branntwein oder Spiritus, sowie zum
Betriebe des Pfandleihgewerbes und zum Handel mit Giften (§§ 33, 34 der Reichsgewerbeordnung) beschließt der Kreis- (Stadt-) Ausschuß.

Wird die Erlaubniß versagt, so steht dem Antragsteller innerhalb zwei Wochen
der Antrag auf mündliche Verhandlung im Verwaltungsstreitverfahren vor dem
Kreis- (Stadt-) Ausschusse zu.

Ueber Anträge auf Ertheilung der Erlaubniß zum Betriebe der Gastwirthschaft, zum Ausschänken von Branntwein oder von Wein, Bier oder anderen geistigen Getränken, sowie zum Kleinhandel mit Branntwein oder Spiritus, ist zunächst die Gemeinde- und die Ortspolizeibehörde zu hören. Wird von einer dieser Behörden Widerspruch erhoben, so darf die Ertheilung der Erlaubniß nur auf Grund mündlicher Verhandlung im Verwaltungsstreitverfahren erfolgen.

Die Entscheidung des Bezirksausschusses ist endgültig.

In den zu einem Landkreise gehörigen Städten mit mehr als 10 000 Einwohnern tritt an die Stelle des Kreisausschusses der Magistrat (kollegialische Gemeindevorstand).

§ 115.

Ueber die Anträge auf Ertheilung:

    a. der Konzession zu Privat-Kranken-, Privat-Entbindungs- und Privat-Irrenanstalten (§ 30 Absatz 1 der Reichsgewerbeordnung),

    b. der Erlaubniß zu Schauspielunternehmungen (§ 32 a. a. O.)

beschließt der Bezirksausschuß.

Gegen den die Konzession (Erlaubniß) versagenden Beschluß findet innerhalb zwei Wochen der Antrag auf mündliche Verhandlung im Verwaltungsstreitverfahren statt.

Für die im Verwaltungsstreitverfahren in den Fällen zu a zu treffenden Entscheidungen sind die von den Medizinalaufsichtsbehörden innerhalb ihrer gesetzlichen Zuständigkeit getroffenen allgemeinen Anordnungen über die gesundheitspolizeilichen Anforderungen, welche an die baulichen und sonstigen technischen Einrichtungen der unter a bezeichneten Anstalten zu stellen sind, maßgebend.

§ 116.

Gegen Verfügungen der Ortspolizeibehörde, durch welche die Erlaubniß zum gewerbsmäßigen öffentlichen Verbreiten von Druckschriften (§ 43 der Reichsgewerbeordnung) versagt, oder die nicht gewerbsmäßige öffentliche Verbreitung von Druckschriften (§ 5 des Reichsgesetzes über die Presse vom 7. Mai 1874, Reichs-Gesetzbl. S. 65) verboten worden ist, findet innerhalb zwei Wochen die Klage bei dem Kreisausschusse, in Stadtkreisen und in den zu einem Landkreise gehörigen Städten mit mehr als 10 000 Einwohnern bei dem Bezirksausschusse statt.

§ 117.

Gegen Verfügungen der unteren Verwaltungsbehörden, durch welche Reichsangehörigen der Legitimationsschein:

    1) zum Ankauf von Waaren oder zum Aufsuchen von Waarenbestellungen (§ 44 der Reichsgewerbeordnung) oder

    2) zum Gewerbebetrieb im Umherziehen (§ 58 Nr. 1 und 2 der Reichsgewerbeordnung)

versagt worden ist, findet innerhalb zwei Wochen die Klage bei dem Bezirksausschusse statt. Ueber Anträge wegen Ertheilung von Legitimationsscheinen für alle anderen Arten des Gewerbebetriebes im Umherziehen beschließt der Bezirksausschuß. Gegen den versagenden Beschluß findet innerhalb zwei Wochen der Antrag auf mündliche Verhandlung im Verwaltungsstreitverfahren statt.

§ 118.

In den Fällen der §§ 115, 116 und 117 ist gegen die Endurtheile des Bezirksausschusses nur das Rechtsmittel der Revision zulässig.

§ 119.

Der Kreisausschuß, in Stadtkreisen und in den zu einem Landkreise gehörigen Städten mit mehr als 10 000 Einwohnern der Bezirksausschuß, entscheidet auf Klage der zuständigen Behörde:

1) über die Untersagung des Betriebes der im § 35 der Reichsgewerbeordnung und der im § 37 a. a. O. gedachten Gewerbe;
2) über die Zurücknahme von Konzessionen zum Betriebe der Gast- und Schankwirthschaft, zum Kleinhandel mit Branntwein und Spiritus, sowie zum Betriebe des Pfandleihgewerbes und zum Handel mit Giften (§ 53 a. a. O.).

§ 120.

Der Bezirksausschuß entscheidet auf Klage der zuständigen Behörde über die Zurücknahme:

1) der im vorstehenden § 119 Nr. 2 nicht gedachten, im § 53 der Reichsgewerbeordnung aufgeführten Approbationen, Genehmigungen und Bestallungen, mit Ausnahme der Konzessionen der Markscheider;
2) der Konzessionen der Versicherungsunternehmer, sowie der Auswanderungsunternehmer und Agenten;
3) der Konzessionen der Handelsmakler;
4) der Patente der Stromschiffer (§ 31 Absatz 3 der Reichsgewerbeordnung);
5) der Prüfungszeugnisse der Hebeammen (§ 30 Absatz 2 a. a. O.).

§ 121.

Insofern durch Reichsgesetz bestimmt wird, daß außer den in §§ 114 bis 120 aufgeführten Gewerbetreibenden noch andere einer Konzession (Approbation, Genehmigung, Bestallung) zum Gewerbebetriebe bedürfen oder noch anderen Gewerbetreibenden der Gewerbebetrieb untersagt oder die ihnen ertheilte Konzession zurückgenommen werden kann, so wird die zur Ertheilung der Konzession, Untersagung des Gewerbebetriebes, beziehungsweise Zurücknahme der Konzession zuständige Behörde durch Königliche Verordnung bestimmt.

C. Ortsstatuten.

§ 122.

Der Bezirksausschuß beschließt über die Genehmigung von Ortsstatuten, betreffend gewerbliche Angelegenheiten (§ 142 der Reichsgewerbeordnung und § 57 Nr. 2 der Verordnung vom 9. Februar 1849, Gesetz-Samml. S. 93).

D. Innungen.

§ 123.

Der Bezirksausschuß beschließt:

1) über die Genehmigung zur Erhöhung der bei der Aufnahme in eine Innung zu entrichtenden Antrittsgelder (§ 85 der Reichsgewerbeordnung);
2) über die Genehmigung zur Auflösung von Innungen (§ 93 a. a. O.).

§ 124.

Der Bezirksausschuß beschließt über die Genehmigung von Innungsstatuten und deren Abänderung (§ 92 der Reichsgewerbeordnung; § 98 b a. a. O. in der Fassung des Reichsgesetzes vom 18. Juli 1881, Reichs=Gesetzbl. S. 233).

Gegen den, die Genehmigung versagenden Beschluß findet innerhalb zwei Wochen der Antrag auf mündliche Verhandlung im Verwaltungsstreitverfahren statt.

Gegen die Entscheidung des Bezirksausschusses ist nur das Rechtsmittel der Revision zulässig.

§ 125.

Der Entscheidung des Bezirksausschusses unterliegen Streitigkeiten zwischen Orts= gemeinden und Innungen in Folge der Auflösung der letzteren gemäß § 94 Absatz 4 der Reichsgewerbeordnung (§ 103 a Absatz 3 des Reichsgesetzes vom 18. Juli 1881).

Ingleichen findet in den Fällen des § 95 Absatz 1 der Reichsgewerbeordnung und des § 104 Absatz 7 und 8 des Reichsgesetzes vom 18. Juli 1881 innerhalb der gesetzlichen Frist von vier Wochen gegen die dort erwähnten Entscheidungen der Aufsichtsbehörde die Klage bei dem Bezirksausschusse statt.

§ 126.

Der Bezirksausschuß entscheidet auf Klage der Aufsichtsbehörde über die Schlie= ßung einer Innung oder eines gemeinsamen Innungsausschusses (§ 103 des Reichs= gesetzes vom 18. Juli 1881).

Der Bezirksausschuß kann vor Erlaß des Endurtheils nach Anhörung des Innungsvorstandes oder des gemeinsamen Innungsausschusses die vorläufige Schlie= ßung der Innung oder des gemeinsamen Innungsausschusses anordnen, welche als= dann bis zum Erlaß des Endurtheils fortdauert.

E. Märkte.

§ 127.

Der Provinzialrath beschließt über die Zahl, Zeit und Dauer der Kram= und Viehmärkte.

Gegen den Beschluß findet die Beschwerde an den Minister für Handel und Gewerbe statt.

§ 128.

Der Bezirksausschuß beschließt über die Zahl, Zeit und Dauer der Wochen= märkte, über die fernere Gestattung des herkömmlichen Wochenmarktverkehrs mit gewissen Handwerkerwaaren von Seiten der einheimischen Verkäufer (§ 64 der Reichsgewerbeordnung), sowie darüber, welche Gegenstände außer den in § 66 a. a. O. aufgeführten nach Ortsgewohnheit und Bedürfniß im Regierungsbezirke überhaupt oder an gewissen Orten zu den Wochenmarktsartikeln gehören.

Die Festsetzungen über Zahl, Zeit und Dauer der Wochenmärkte erfolgen unter Zustimmung der Gemeindebehörden des Marktortes.

§ 129.

Sofern bei Aufhebung von Märkten der in den §§ 127 und 128 bezeichneten Art Entschädigungsansprüche von Marktberechtigten in Frage kommen, bedürfen die bezüglichen Beschlüsse der Zustimmung des Ministers für Handel und Gewerbe.

§ 130.

Der Bezirksausschuß beschließt über die Einführung neuer, sowie über die Er-
höhung oder Ermäßigung oder anderweite Regulirung bestehender Marktstandsgelder
(Gesetz vom 26. April 1872, betreffend die Erhebung von Marktstandsgeldern,
Gesetz-Samml. S. 513).

Bei der Bestimmung des § 5 Absatz 2 des Gesetzes vom 26. April 1872 behält
es sein Bewenden.

F. Oeffentliche Schlachthäuser.

§ 131.

Der Bezirksausschuß beschließt:

1) über die Genehmigung der auf Grund der §§ 1 bis 4 des Gesetzes vom
   18. März |1868, betreffend die Errichtung öffentlicher, ausschließlich zu
   benutzender Schlachthäuser (Gesetz-Samml. S. 277), gefaßten Gemeindebeschlüsse, sowie über die Bestätigung von Verträgen zwischen einer Gemeinde und einem Unternehmer in Betreff der Errichtung eines öffentlichen Schlachthauses (§ 12 a. a. O.);

2) über Entschädigungsansprüche der Eigenthümer und Nutzungsberechtigten
   von Privatschlachtanstalten wegen des ihnen durch die Errichtung öffentlicher, ausschließlich zu benutzender Schlachthäuser zugefügten Schadens
   (§§ 9 bis 11 a. a. O.).

In den Fällen zu 1 findet die Beschwerde an den Minister für Handel und
Gewerbe, in den Fällen zu 2 nur der ordentliche Rechtsweg gemäß § 11 a. a. O.
statt.

G. Kehrbezirke.

§ 132.

Der Bezirksausschuß beschließt über die Einrichtung, Aufhebung oder Veränderung der Kehrbezirke für Schornsteinfeger (§ 39 der Reichsgewerbeordnung).

H. Ablösung gewerblicher Berechtigungen.

§ 133.

Der Bezirksausschuß entscheidet über Anträge auf Ablösung von Gewerbeberechtigungen und auf Entschädigung für aufgehobene Gewerbeberechtigungen.

Gegen die Endurtheile des Bezirksausschusses findet ·unter Ausschluß anderer
Rechtsmittel nur die Berufung an das Oberverwaltungsgericht statt.

XVII. Titel.
Handelskammern, kaufmännische Korporationen, Börsen.

§ 134.

Der Minister für Handel und Gewerbe beschließt über die Genehmigung zur
Erhebung eines zehn Prozent der Gewerbesteuer vom Handel übersteigenden Zuschlags von Seiten einer Handelskammer, sowie zu einer Ueberschreitung des Etats
derselben, ingleichen über die Herabsetzung der etatsmäßigen Kosten auf den Betrag
eines zehnprozentigen Zuschlags zur Gewerbesteuer vom Handel (§ 24 des Gesetzes
über die Handelskammern vom 24. Februar 1870, Gesetz-Samml. S. 134).

§ 135.

Die Beschlußfassung über Einsprüche gegen die Wahl von Mitgliedern (§ 15 a. a. O.) steht der Handelskammer zu, welche im Uebrigen die Legitimation ihrer Mitglieder von Amtswegen prüft und darüber beschließt.

Die Handelskammer beschließt darüber, ob die Mitgliedschaft in Folge eines in der Person des Mitgliedes eingetretenen Umstandes erloschen ist (§ 17 a. a. O.).

Die Handelskammer beschließt ferner über Beschwerden wegen unrichtiger Einschätzung zu einer fingirten Gewerbesteuer behufs Aufbringung der etatsmäßigen Kosten (§ 23 a. a. O.).

Gegen die nach Maßgabe der vorstehenden Bestimmungen gefaßten Beschlüsse der Handelskammer, ferner gegen die Beschlüsse der Handelskammer über Einwendungen gegen die Listen der Wahlberechtigten (§ 11 a. a. O.) und gegen Beschlüsse der Handelskammer, durch welche ein Mitglied ausgeschlossen oder seiner Funktionen vorläufig enthoben wird (§§ 18, 19 a. a. O.), findet innerhalb zwei Wochen die Klage bei dem Bezirksausschusse statt.

§ 136.

Gegen Beschlüsse des Vorstandes einer kaufmännischen Korporation über die Aufnahme, die Suspension oder die Ausschließung von Mitgliedern, die Gültigkeit der Vorstandswahlen, die Rechte und Pflichten der Mitglieder und die Verhängung von Ordnungsstrafen gegen Mitglieder findet, soweit nach dem Statut gegen dergleichen Beschlüsse der Rekurs an eine Behörde zulässig ist, an Stelle desselben innerhalb zwei Wochen die Klage bei dem Bezirksausschusse statt.

§ 137.

Gegen Beschlüsse der Handelskammer oder des Vorstandes einer kaufmännischen Korporation, durch welche die Erlaubniß zum Besuche der, der Aufsicht der Handelskammer oder kaufmännischen Korporation unterstellten Börse versagt, auf Zeit oder für immer entzogen, eine Beschwerde über unrichtige Einschätzung zu den Börsenbeiträgen zurückgewiesen, oder über einen Handelsmakler eine Ordnungsstrafe verhängt wird, findet, soweit nach der Börsen- oder Maklerordnung gegen dergleichen Beschlüsse der Rekurs an eine Behörde zulässig ist, an Stelle desselben innerhalb zwei Wochen die Klage bei dem Bezirksausschusse statt.

§ 138.

Gegen die Endurtheile des Bezirksausschusses in den Fällen der §§ 135 bis 137 ist nur das Rechtsmittel der Revision zulässig.

XVIII. Titel.
Feuerlöschwesen.

§ 139.

Der Kreisausschuß beschließt, soweit die Vorschriften über das Feuerlöschwesen nicht entgegenstehen, über die Genehmigung und erforderlichen Falls über die Anordnung zur Bildung, Veränderung und Aufhebung von Verbänden mehrerer Landgemeinden oder Gutsbezirke behufs gemeinschaftlicher Anschaffung und Unterhaltung von Feuerspritzen (Spritzenverbänden).

Ueber die gemeinschaftlichen Angelegenheiten jedes Spritzenverbandes, insbesondere über die Aufbringungsweise und Vertheilung der Kosten, sind, soweit dies nothwendig ist, die erforderlichen Festsetzungen durch ein unter den Betheiligten zu vereinbarendes Statut, welches der Bestätigung des Kreisausschusses bedarf, zu treffen. Kommt eine Vereinbarung über das Statut binnen einer von dem Kreisausschusse zu bemessenden Frist nicht zu Stande, oder wird dem Statute die Bestätigung wiederholt versagt, so stellt der Kreisausschuß das Statut fest.

§ 140.

Ueber die in Folge Veränderung oder Aufhebung eines Spritzenverbandes nothwendig werdende Auseinandersetzung zwischen den Betheiligten beschließt der Kreisausschuß.

Gegen den Beschluß findet innerhalb zwei Wochen der Antrag auf mündliche Verhandlung im Verwaltungsstreitverfahren statt.

Streitigkeiten zwischen den betheiligten Gemeinden oder Gutsbezirken über ihre Berechtigung oder Verpflichtung zur Theilnahme an den Nutzungen beziehungsweise Lasten des Spritzenverbandes unterliegen der Entscheidung des Kreisausschusses im Verwaltungsstreitverfahren.

XIX. Titel.

Hilfskassen.

§ 141.

Der Bezirksausschuß beschließt über Anträge auf Zulassung eingeschriebener Hilfskassen (§ 4 des Reichsgesetzes über die eingeschriebenen Hilfskassen vom 7. April 1876, Reichs-Gesetzbl. S. 125).

Gegen den die Zulassung versagenden Beschluß findet innerhalb zwei Wochen der Antrag auf mündliche Verhandlung im Verwaltungsstreitverfahren statt.

Gegen die Entscheidung des Bezirksausschusses ist nur das Rechtsmittel der Revision zulässig.

§ 142.

Der Bezirksausschuß entscheidet auf Klage der Aufsichtsbehörde über die Schließung eingeschriebener Hilfskassen (§ 29 a. a. O.).

Der Bezirksausschuß kann vor Erlaß des Endurtheils nach Anhörung des Kassenvorstandes die vorläufige Schließung der Hilfskasse anordnen, welche alsdann bis zum Erlasse des Endurtheils fortdauert.

XX. Titel.

Baupolizei.

§ 143.

Der Bezirksausschuß beschließt über die Anwendung der in den Städten geltenden feuer- und baupolizeilichen Vorschriften bei Gebäuden auf solchen zum platten Lande gehörigen Grundstücken, welche innerhalb der Städte oder im Gemenge mit städtischen bebauten Grundstücken liegen, gemäß den Vorschriften der Verordnung vom 17. Juli 1846 (Gesetz-Samml. S. 399).

§ 144.

Ueber die Anwendung der Bestimmungen der Verordnung vom 21. Dezember 1846, betreffend die bei dem Bau von Eisenbahnen beschäftigten Handarbeiter (Gesetz-Samml. 1847 S. 21), auf andere öffentliche Bauausführungen (Kanal- und Chaussee-bauten ꝛc.) gemäß § 26 der gedachten Verordnung beschließt:

1) insoweit es sich um Bauten der Kreise, Amts-, Wegeverbände oder Gemeinden handelt, der Regierungspräsident unter Zustimmung des Bezirks-ausschusses;

2) insoweit es sich um Bauten des Provinzialverbandes handelt, der Ober-präsident unter Zustimmung des Provinzialraths;

3) für den Stadtkreis Berlin der Oberpräsident.

§ 145.

Ueber Dispense von Bestimmungen der Baupolizeiordnungen beschließt nach Maßgabe dieser Ordnungen der Kreisausschuß, in Stadtkreisen und in den zu einem Landkreise gehörigen Städten von mehr als 10 000 Einwohnern der Bezirksausschuß, soweit die Angelegenheit nicht nach diesen Ordnungen zur Zuständigkeit anderer Organe gehört. Verfügungen der letzteren unterliegen der Anfechtung nur im Wege der Beschwerde an die Aufsichtsbehörde.

Der Bezirksausschuß tritt in Betreff der Zuständigkeit zur Ertheilung von Dis-pensen in allen Fällen an die Stelle der Bezirksregierung.

Zur Einlegung der Beschwerde gegen den Beschluß ist auch die zur Ertheilung der Bauerlaubniß zuständige Behörde befugt, welcher der Beschluß zuzustellen ist.

Gegen den Beschluß des Bezirksausschusses in erster Instanz findet die Beschwerde an den Minister der öffentlichen Arbeiten statt.

§ 146.

Die §§ 17 und 18 des Gesetzes, betreffend die Anlegung und Veränderung von Straßen und Plätzen in den Städten und ländlichen Ortschaften, vom 2. Juli 1875 (Gesetz-Samml. S. 561) werden aufgehoben.

Die Wahrnehmung der in den §§ 5, 8, 9 a. a. O. dem Kreisausschusse bei-gelegten Funktionen liegt für den Stadtkreis Berlin dem Minister der öffentlichen Arbeiten, für die übrigen Stadtkreise, sowie für die zu einem Landkreise gehörigen Städte mit mehr als 10 000 Einwohnern dem Bezirksausschusse ob. Die Bestäti-gung der Statuten nach den §§ 12 und 15 a. a. O. erfolgt für den Stadtkreis Berlin durch den Minister des Innern.

XXI. Titel.

Dismembrations- und Ansiedelungssachen.

§ 147.

Die §§ 22 und 23 des Gesetzes vom 25. August 1876, betreffend die Ver-theilung der öffentlichen Lasten bei Grundstückstheilungen und die Gründung neuer Ansiedelungen in den Provinzen Preußen, Brandenburg, Pommern, Posen, Schlesien, Sachsen und Westfalen (Gesetz-Samml. S. 405), treten außer Kraft.

§ 148.

Die in den §§ 1 bis 4 des Lauenburgischen Gesetzes vom 4. November 1874, betreffend die Gründung neuer Ansiedelungen im Herzogthum Lauenburg (Offizielles Wochenbl. S. 291), dem Landrathe zugewiesene Entscheidung über die Gestattung neuer Ansiedelungen ist von der Ortspolizeibehörde zu treffen.

Gegen den Bescheid, welcher mit Gründen zu versehen und dem Antragsteller, sowie Denjenigen, welche Widerspruch erhoben haben, zu eröffnen ist, steht den Betheiligten innerhalb zwei Wochen die Klage im Verwaltungsstreitverfahren bei dem Kreisausschusse zu.

§ 149.

Im Geltungsbereiche des Lauenburgischen Gesetzes vom 22. Januar 1876, betreffend die Vertheilung der öffentlichen Lasten bei Grundstückszerstückelungen (Offizielles Wochenblatt S. 11), tritt

1) an die Stelle der im § 12 Absatz 2 den Betheiligten und der Patronatsbehörde offen gehaltenen Beschwerde gegen die Lastenvertheilung, innerhalb der dort bestimmten Frist von zwei Wochen, die Klage beim Kreisausschusse im Verwaltungsstreitverfahren und,

2) an die Stelle der vorläufigen Festsetzung des Landraths über die Lastenvertheilung (§ 16 a. a. O.) die vorläufige Festsetzung durch Beschluß des Kreisausschusses, gegen welchen eine Beschwerde nicht stattfindet.

XXII. Titel.

Enteignungssachen.

§ 150.

Die Befugnisse und Obliegenheiten, welche in dem Gesetze vom 11. Juni 1874 über die Enteignung von Grundeigenthum (Gesetz-Samml. S. 221) den Bezirksregierungen (Landdrostreien) beigelegt worden sind, werden in den Fällen der §§ 15, 18 bis 20, 24 und 27 von dem Regierungspräsidenten, in den Fällen der §§ 3, 4, 5, 14, 21, 29, 32 bis 35 und 53 Absatz 2 von dem Bezirksausschusse im Beschlußverfahren, in dem Stadtkreise Berlin von der ersten Abtheilung des Polizeipräsidiums, wahrgenommen.

Auch gehen auf den Bezirksausschuß beziehungsweise die erste Abtheilung des Polizeipräsidiums in Berlin die nach den §§ 142 ff. des Allgemeinen Berggesetzes vom 24. Juni 1865 (Gesetz-Samml. S. 705) der Bezirksregierung zustehenden Befugnisse über.

Gegen die in erster Instanz gefaßten Beschlüsse des Bezirksausschusses beziehungsweise der ersten Abtheilung des Polizeipräsidiums findet, soweit nicht der ordentliche Rechtsweg zulässig ist, innerhalb zwei Wochen die Beschwerde an den Minister der öffentlichen Arbeiten statt.

Bei der für die Erhebung der Beschwerde in § 34 des Gesetzes vom 11. Juni 1874 bestimmten Frist von drei Tagen behält es sein Bewenden.

§ 151.

Die nach § 53 Absatz 1 des Gesetzes vom 11. Juni 1874 dem Landrathe (in

Hannover der betreffenden Obrigkeit) zugewiesene Entscheidung ist durch Beschluß des Kreis- (Stadt-) Ausschusses zu treffen.

Der § 56 des gedachten Gesetzes tritt außer Kraft.

§ 152.

Soweit nach den für Enteignungen im Interesse der Landeskultur im § 54 Nr. 1 des Gesetzes vom 11. Juni 1874 aufrecht erhaltenen Gesetzen, in Verbindung mit dem Gesetze über die allgemeine Landesverwaltung vom 30. Juli 1883, der Regierungspräsident über die Enteignung Entscheidung zu treffen haben würde, beschließt der Bezirksausschuß, jedoch — unbeschadet der Vorschriften im § 97 des gegenwärtigen Gesetzes — mit Ausnahme der Enteignungen für die Zwecke von Deichen, welche einem Deichverbande angehören, und für die Zwecke der Sielanstalten in den Verbandsbezirken.

§ 153.

Der Bezirksausschuß beschließt endgültig vorbehaltlich des ordentlichen Rechts- weges über die Feststellung der Entschädigung in den Fällen der §§ 39 ff. des Reichsgesetzes vom 21. Dezember 1871, betreffend die Beschränkungen des Grund- eigenthums in der Umgebung von Festungen (Reichs-Gesetzbl. S. 459).

XXIII. Titel.

Personenstand und Staatsangehörigkeit.

§ 154.

Die staatliche Aufsicht über die Amtsführung der Standesbeamten wird in den Landgemeinden und Gutsbezirken von dem Landrath als Vorsitzenden des Kreis- ausschusses, in höherer Instanz von dem Regierungspräsidenten und dem Minister des Innern, in den Stadtgemeinden von dem Regierungspräsidenten, in höherer Instanz von dem Oberpräsidenten und dem Minister des Innern, im Stadtkreise Berlin von dem Oberpräsidenten und in höherer Instanz von dem Minister des Innern geführt.

In dem Bezirke des Oberlandesgerichts zu Cöln bewendet es bei den dieserhalb zur Zeit bestehenden Vorschriften.

Die Festsetzung der Entschädigung für die Wahrnehmung der Geschäfte des Standesbeamten in den Fällen des § 7 Absatz 2 des Reichsgesetzes vom 6. Februar 1875 (§ 5 Absatz 1 des Gesetzes vom 8. März 1874) erfolgt in den Stadtgemein- den durch die Gemeindevertretung, für die Landgemeinden durch Beschluß des Kreis- ausschusses. Beschwerden über die Festsetzung sind in beiden Fällen innerhalb zwei Wochen bei dem Bezirksausschusse anzubringen. Der Beschluß des Bezirksausschusses ist endgültig.

§ 155.

Die durch das Reichsgesetz vom 1. Juni 1870 über die Erwerbung und den Verlust der Bundes- und Staatsangehörigkeit (Bundes-Gesetzbl. S. 355) der höheren Verwaltungsbehörde beigelegten Befugnisse übt fortan der Regierungspräsident aus.

Gegen den Bescheid des Regierungspräsidenten, durch welchen Angehörigen eines andern Deutschen Bundesstaats oder einem früheren Reichsangehörigen die Ertheilung der Aufnahmeurkunde, oder einem Preußischen Staatsangehörigen die Ertheilung der Entlassungsurkunde in Friedenszeiten versagt worden ist (§§ 7, 15, 17 und 21 letzter Absatz a. a. O.), findet innerhalb zwei Wochen die Klage bei dem Oberverwaltungsgerichte statt.

XXIV. Titel.

Steuerangelegenheiten.

§ 156.

Der Bezirksausschuß beschließt über die Ergänzung der von dem Kreisausschusse versagten Zustimmung zur Vereinigung von Gemeinden und Gutsbezirken zu gemeinschaftlichen Einschätzungsbezirken für die Klassensteuer (Artikel II des Gesetzes vom 16. Juni 1875, betreffend einige Abänderungen der Vorschriften für die Veranlagung der Klassensteuer, Gesetz-Samml. S. 234).

XXV. Titel.

Ergänzende, Uebergangs- und Schlußbestimmungen.

§ 157.

Durch den in dem gegenwärtigen Gesetze vorgeschriebenen Beschwerdezug an einen bestimmten Minister wird die in den bestehenden Vorschriften begründete Mitwirkung anderer Minister bei Erledigung der Beschwerde nicht berührt.

§ 158.

Durch die den Behörden in diesem Gesetze beigelegten Befugnisse zur Entscheidung beziehungsweise Beschlußfassung in Wegebausachen und in wasserpolizeilichen Angelegenheiten werden die der Landespolizeibehörde und dem Minister der öffentlichen Arbeiten nach §§ 4 und 14 des Gesetzes über die Eisenbahnunternehmungen vom 3. November 1838 (Gesetz-Samml. S. 505) und nach § 7 des Gesetzes vom 1. Mai 1865 (Gesetz-Samml. S. 317) zustehenden Befugnisse in Eisenbahnangelegenheiten nicht berührt.

§ 159.

Die in den §§ 7 und 22 des Gesetzes über die Eisenbahnunternehmungen vom 3. November 1838 und nach § 9 des Gesetzes vom 1. Mai 1865 (Gesetz-Samml. S. 317) der Bezirksregierung beigelegten Befugnisse gehen auf den Minister der öffentlichen Arbeiten über.

In Streitsachen zwischen Eisenbahngesellschaften und Privatpersonen wegen Anwendung des Bahngeld- und des Frachttarifs (§ 35 des ersteren Gesetzes) entscheidet fortan der ordentliche Richter.

§ 160.

In den Fällen der §§ 1, 18, 34, 44, 46, 47, 54 und 140 des gegenwärtigen Gesetzes, sowie des § 53 des Gesetzes, betreffend die Bildung von Wassergenossenschaften, vom 1. April 1879 (Gesetz-Samml. S. 297) ist die Zuständigkeit des Kreis- (Stadt-) Ausschusses, des Bezirksausschusses und des Oberverwaltungsgerichts auch insoweit begründet, als bisher durch § 79 Titel 14 Theil II Allgemeinen Landrechts, beziehungsweise §§ 9, 10 des Gesetzes über die Erweiterung des Rechtsweges vom 24. Mai 1861 (Gesetz-Samml. S. 241) oder sonstige bestehende Vorschriften der ordentliche Rechtsweg für zulässig erklärt war.

Der Grundsatz, daß die Entscheidungen unbeschadet aller privatrechtlichen Verhältnisse ergehen (§ 7 des Gesetzes über die allgemeine Landesverwaltung vom 30. Juli 1883), bleibt hierbei unberührt.

§ 161.

Für den Stadtkreis Berlin ist der Bezirksausschuß auch in den Fällen der §§ 14, 17 Nr. 2 und 5, 41, 110, 111, 112, 123, 128, 130, 132, 145 und 154 Absatz 3 dieses Gesetzes zuständig.

In den Fällen der §§ 115, 117, 124 und 141 beschließt für den Stadtkreis Berlin an Stelle des Bezirksausschusses der Polizeipräsident; gegen den versagenden Beschluß desselben findet innerhalb zwei Wochen die Klage bei dem Bezirksausschusse statt.

§ 162.

Maßgebend für die Berechnung der Einwohnerzahl einer Stadt ist in Betreff der Bestimmungen dieses Gesetzes die durch die jedesmalige letzte Volkszählung ermittelte Zahl der ortsanwesenden Civilbevölkerung.

§ 163.

Das gegenwärtige Gesetz tritt gleichzeitig mit dem Gesetze über die allgemeine Landesverwaltung vom 30. Juli 1883 in Kraft.

Bezüglich der von diesem Zeitpunkte anhängig gemachten Sachen sind die Vorschriften des § 154 Absatz 3 des letzteren Gesetzes maßgebend.

§ 164.

Mit dem Tage des Inkrafttretens des gegenwärtigen Gesetzes kommt das Gesetz, betreffend die Zuständigkeit der Verwaltungsbehörden und der Verwaltungsgerichtsbehörden 2c., vom 26. Juni 1876. (Gesetz-Samml. S. 297) in allen seinen Theilen in Wegfall.

Ingleichen treten mit dem gedachten Zeitpunkte alle mit den Vorschriften des gegenwärtigen Gesetzes in Widerspruch stehenden Bestimmungen außer Kraft.

Urkundlich unter Unserer Höchsteigenhändigen Unterschrift und beigedrucktem Königlichen Insiegel.

Gegeben Bad Gastein, den 1. August 1883.

(L. S.)   **Wilhelm.**

Fürst v. Bismarck. v. Puttkammer. Maybach. Lucius. Friedberg.
v. Goßler. v. Scholz. Gr. v. Hatzfeldt.

Versicherungswesen.

44.

Gesetz, betreffend die Unfall= und Krankenversicherung der in land=
und forstwirthschaftlichen Betrieben beschäftigen Personen. Vom
5. Mai 1886.

Wir Wilhelm, von Gottes Gnaden Deutscher Kaiser, König von Preußen ꝛc.
verordnen im Namen des Reichs, nach erfolgter Zustimmung des Bundesraths und
des Reichstags, was folgt:

A. Unfallversicherung.

I. Allgemeine Bestimmungen.

Umfang der Versicherung.

§ 1.

Alle in land= oder forstwirthschaftlichen Betrieben beschäftigten Arbeiter und
Betriebsbeamten, letztere sofern ihr Jahresarbeitsverdienst an Lohn oder Gehalt
zweitausend Mark nicht übersteigt, werden gegen die Folgen der bei dem Betriebe
sich ereignenden Unfälle nach Maßgabe der Bestimmungen dieses Gesetzes versichert.

Dasselbe gilt von Arbeitern und Betriebsbeamten in land= und forstwirth=
schaftlichen, nicht unter § 1 des Unfallversicherungsgesetzes vom 6. Juli 1884 (Reichs=
Gesetzbl. S. 69)*) fallenden Nebenbetrieben.

Der Landesgesetzgebung bleibt überlassen, zu bestimmen, in welchem Umfange
und unter welchen Voraussetzungen Unternehmer der unter Absatz 1 fallenden Betriebe
versichert, oder Familienangehörige, welche in dem Betriebe des Familienhauptes
beschäftigt werden, von der Versicherung ausgeschlossen sein sollen.

Wer im Sinne dieses Gesetzes als Betriebsbeamter anzusehen ist, wird durch
statutarische Bestimmung der Berufsgenossenschaft (§ 13) für ihren Bezirk festgestellt.

Als landwirthschaftlicher Betrieb im Sinne dieses Gesetzes gilt auch der Betrieb
der Kunst= und Handelsgärtnerei, dagegen nicht die ausschließliche Bewirthschaftung
von Haus= und Ziergärten.

Welche Betriebszweige im Sinne dieses Gesetzes als land= oder forstwirthschaftliche
Betriebe anzusehen sind, entscheidet im Zweifelsfalle das Reichs=Versicherungsamt.

§ 2.

Unternehmer der unter § 1 fallenden Betriebe sind berechtigt, andere nach
§ 1 nicht versicherte in ihrem Betriebe beschäftigte Personen und, sofern ihr Jahres=
arbeitsverdienst zweitausend Mark nicht übersteigt, sich selbst zu versichern. Diese
letztere Berechtigung kann durch Statut (§ 22) auf Unternehmer mit einem zwei=
tausend Mark übersteigenden Jahresarbeitsverdienste erstreckt werden.

---

*) § 1 des Unfallversicherungsgesetzes lautet:
 Alle in Bergwerken, Salinen, Aufbereitungsanstalten, Steinbrüchen, Gräbereien (Gruben),
 auf Werften und Bauhöfen, sowie in Fabriken und Hüttenwerken beschäftigten Arbeiter
 und Betriebsbeamten, letztere sofern ihr Jahresarbeitsverdienst an Lohn oder Gehalt
 zweitausend Mark nicht übersteigt, werden gegen die Folgen der bei dem Betriebe sich
 ereignenden Unfälle nach Maßgabe der Bestimmungen dieses Gesetzes versichert.

Auch kann durch Statut die Versicherungspflicht auf Betriebsbeamte mit einem zweitausend Mark übersteigenden Jahresarbeitsverdienste und auf Betriebsunternehmer ausgedehnt werden, deren Jahresarbeitsverdienst zweitausend Mark nicht übersteigt.

Bei Versicherung von Betriebsbeamten ist der volle Jahresarbeitsverdienst zu Grunde zu legen.

§ 3.

Als Jahresarbeitsverdienst der Betriebsbeamten, soweit sich derselbe nicht aus mindestens wochenweise firirten Beträgen zusammensetzt, gilt das Dreihundertfache des durchschnittlichen täglichen Verdienstes an Gehalt oder Lohn. Als Gehalt oder Lohn gelten dabei auch feste Naturalbezüge. Der Werth der letzteren ist nach Durchschnittspreisen in Ansatz zu bringen. Dieselben werden von der unteren Verwaltungsbehörde festgesetzt.

Ueber die Ermittelung des Jahresarbeitsverdienstes der Betriebsunternehmer hat das Statut (§ 22) Bestimmung zu treffen.

Reichs-, Staats- und Kommunalbeamte.

§ 4.

Auf die im § 1 des Gesetzes, betreffend die Fürsorge für Beamte und Personen des Soldatenstandes in Folge von Betriebsunfällen, vom 15. März 1886 (Reichs-Gesetzbl. S. 53) bezeichneten Personen, auf Beamte, welche in Betriebsverwaltungen eines Bundesstaates oder eines Kommunalverbandes mit festem Gehalt und Pensionsberechtigung angestellt sind, sowie auf andere Beamte eines Bundesstaates oder Kommunalverbandes, für welche die im § 12 a. a. O. vorgesehene Fürsorge in Kraft getreten ist, findet dieses Gesetz keine Anwendung.

Gegenstand der Versicherung und Umfang der Entschädigung.

§ 5.

Gegenstand der Versicherung ist der nach Maßgabe der nachfolgenden Bestimmungen zu bemessende Ersatz des Schadens, welcher durch Körperverletzung oder Tödtung entsteht. Der Anspruch ist ausgeschlossen, wenn der Verletzte den Betriebsunfall vorsätzlich herbeigeführt hat.

§ 6.

Im Falle der Verletzung soll der Schadensersatz bestehen:

1. in den Kosten des Heilverfahrens, welche vom Beginn der vierzehnten Woche nach Eintritt des Unfalls an entstehen,
2. in einer dem Verletzten vom Beginn der vierzehnten Woche nach Eintrit des Unfalls an für die Dauer der Erwerbsunfähigkeit zu gewährenden Rente.

Die Rente beträgt:

    a) im Falle völliger Erwerbsunfähigkeit für die Dauer derselben sechsundsechzigzweidrittel Prozent des Arbeitsverdienstes,

    b) im Falle theilweiser Erwerbsunfähigkeit für die Dauer derselben einen Bruchtheil der Rente unter a, welcher nach dem Maaße der verbliebenen Erwerbsunfähigkeit zu bemessen ist.

Bei Berechnung der Rente für Arbeiter sowie für andere von dem Betriebsunternehmer nach Maßgabe des § 2 versicherte Personen, soweit dieselben nicht Betriebsbeamte sind, gilt als Arbeitsverdienst derjenige Jahresarbeitsverdienst, welchen land- und forstwirthschaftliche Arbeiter am Orte der Beschäftigung durch land- und forstwirthschaftliche, sowie durch anderweite Erwerbsthätigkeit durchschnittlich erzielen. Der Betrag dieses durchschnittlichen Jahresarbeitsverdienstes wird durch die höhere Verwaltungsbehörde nach Anhörung der Gemeindebehörde je besonders für männliche und weibliche, für jugendliche und erwachsene Arbeiter festgesetzt. Die Festsetzung kann je besonders für die landwirthschaftlichen und die forstwirthschaftlichen Arbeiter erfolgen. Die für verletzte jugendliche Arbeiter festgesetzte Rente ist vom vollendeten sechzehnten Lebensjahre des Verletzten ab auf den nach dem Arbeitsverdienste Erwachsener zu berechnenden Betrag zu erhöhen.

Bei Berechnung der Rente für Betriebsbeamte ist der Jahresarbeitsverdienst (§ 3 Abs. 1) zu Grunde zu legen, welchen der Verletzte in dem Betriebe, in welchem der Unfall sich ereignete, während des letzten Jahres bezogen hat. Uebersteigt dieser Jahresarbeitsverdienst für den Arbeitstag, das Jahr zu dreihundert Arbeitstagen gerechnet, vier Mark, so ist der überschießende Betrag nur mit einem Drittel anzurechnen. War der Betriebsbeamte in diesem Betriebe nicht ein volles Jahr, von dem Tage des Unfalls zurückgerechnet, beschäftigt, so ist der Betrag zu Grunde zu legen, welchen während dieses Zeitraumes Betriebsbeamte derselben Art in demselben Betriebe oder in benachbarten gleichartigen Betrieben durchschnittlich bezogen haben. Erreicht der Jahresarbeitsverdienst des verletzten Betriebsbeamten das Dreihundert fache des nach Maßgabe des § 8 des Krankenversicherungsgesetzes vom 15. Juni 1883 (Reichs-Gesetzbl. S. 73)*) für den Beschäftigungsort festgesetzten ortsüblichen Tagelohnes gewöhnlicher Tagearbeiter nicht, so ist das Dreihundertfache dieses ortsüblichen Tagelohnes der Berechnung zu Grunde zu legen.

Bei Berechnung der Rente für versicherte Betriebsunternehmer ist der nach Absatz 3 für den Sitz des Betriebes festgestellte durchschnittliche Jahresarbeitsverdienst land- und forstwirthschaftlicher Arbeiter zu Grunde zu legen, sofern nicht durch das Statut (§ 22) hiervon abweichende Bestimmungen getroffen werden. Uebersteigt der Jahresarbeitsverdienst für den Arbeitstag, das Jahr zu dreihundert Arbeitstagen gerechnet, vier Mark, so ist der überschießende Betrag nur mit einem Drittel anzurechnen.

Wenn der Verletzte zur Zeit des Unfalls bereits theilweise erwerbsunfähig war und deshalb einen geringeren als den durchschnittlichen Arbeitsverdienst bezog, so wird die Rente nur nach dem Maße der durch den Unfall eingetretenen weiteren Schmälerung der Erwerbsfähigkeit bemessen. War der Verletzte zur Zeit des Unfalls bereits völlig erwerbsunfähig, so beschränkt sich der zu leistende Schadensersatz auf die im § 6 Absatz 1 Ziffer 1 angegebenen Kosten des Heilverfahrens.

§ 7.

Im Falle der Tödtung ist als Schadenersatz außerdem zu leisten:

1. als Ersatz der Beerdigungskosten der fünfzehnte Theil des nach § 6 Absatz 3 bis 6 ermittelten Jahresarbeitsverdienstes, jedoch mindestens dreißig Mark;
2. eine den Hinterbliebenen des Getödteten vom Todestage an zu gewährende Rente, welche nach den Vorschriften des § 6 Absatz 3 bis 6 zu berechnen ist.

---

*) § 8 des Krankenversicherungsgesetzes lautet:

Der Betrag des ortsüblichen Tagelohnes gewöhnlicher Tagearbeiter wird von der höheren Verwaltungsbehörde nach Anhörung der Gemeindebehörde festgesetzt.

Die Festsetzung findet für männliche und weibliche, für jugendliche und erwachsene Arbeiter besonders statt. Für Lehrlinge gilt die für jugendliche Arbeiter getroffene Feststellung.

Dieselbe beträgt:

a) für die Wittwe des Getödteten bis zu deren Tode oder Wieder=
verheirathung zwanzig Prozent, für jedes hinterbliebene vaterlose
Kind bis zu dessen zurückgelegtem fünfzehnten Lebensjahre fünfzehn
Prozent und, wenn das Kind auch mutterlos ist oder wird, zwanzig
Prozent des Jahresarbeitsverdienstes.

Die Renten der Wittwen und der Kinder dürfen zusammen
sechzig Prozent des Jahresarbeitsverdienstes nicht übersteigen; er=
giebt sich ein höherer Betrag, so werden die einzelnen Renten in
gleichem Verhältnisse gekürzt.

Im Falle der Wiederverheirathung erhält die Wittwe den
dreifachen Betrag ihrer Jahresrente als Abfindung.

Der Anspruch der Wittwe ist ausgeschlossen, wenn die Ehe
erst nach dem Unfalle geschlossen worden ist;

b) für Aszendenten des Verstorbenen, wenn dieser ihr einziger Er=
nährer war, für die Zeit bis zu ihrem Tode oder bis zum Weg=
fall der Bedürftigkeit zwanzig Prozent des Jahresarbeitsverdienstes.

Wenn mehrere der unter b benannten Berechtigten vorhanden
sind, so wird die Rente den Eltern vor den Großeltern gewährt.

Wenn die unter b bezeichneten mit den unter a bezeichneten Be=
rechtigten konkurriren, so haben die ersteren einen Anspruch nur, soweit
für die letzteren der Höchstbetrag der Rente nicht in Anspruch ge=
nommen wird.

Die Hinterbliebenen eines Ausländers, welche zur Zeit des Unfalls
nicht im Inlande wohnten, haben keinen Anspruch auf die Rente.

§ 8.

Bis zum beendigten Heilverfahren kann an Stelle der im § 6 vorgeschriebenen
Leistungen freie Kur und Verpflegung in einem Krankenhause gewährt werden,
und zwar:

1. für Verunglückte, welche verheirathet sind oder bei einem Mitgliede ihrer
Familie wohnen, mit ihrer Zustimmung oder unabhängig von derselben,
wenn die Art der Verletzung Anforderungen an die Behandlung oder
Verpflegung stellt, denen in der Familie nicht genügt werden kann;

2. für sonstige Verunglückte in allen Fällen.

Für die Zeit der Verpflegung des Verunglückten in dem Krankenhause steht den
im § 7 Ziffer 2 bezeichneten Angehörigen desselben die daselbst angegebene Rente
insoweit zu, als sie auf dieselbe im Falle des Todes des Verletzten einen Anspruch
haben würden.

§ 9.

Durch das Statut kann bestimmt werden, daß die Rente (§§ 6 bis 8) solchen
versicherten Personen, welche ihren Lohn oder Gehalt herkömmlich ganz oder zum
Theil in Form von Naturalleistungen (z. B. Wohnung, Feuerung, Nahrungsmittel,
Landnutzung, Kleidung ꝛc.) beziehen, sowie den Hinterbliebenen oder Angehörigen
solcher Personen, nach Verhältniß ebenfalls in dieser Form gewährt wird. Der Werth
dieser Naturalbezüge ist gemäß § 3 festzusetzen.

§ 10.

Während der ersten dreizehn Wochen nach dem Unfalle eines Arbeiters hat die Gemeinde, in deren Bezirk der Verletzte beschäftigt war, demselben die Kosten des Heilverfahrens in dem im § 6 Absatz 1 Ziffer 1 des Krankenversicherungsgesetzes vom 15. Juni 1883 (Reichs-Gesetzbl. S. 73)*) bezeichneten Umfange zu gewähren. Diese Verpflichtung besteht nicht, insoweit die Verletzten auf Grund landesgesetzlicher Bestimmungen, oder auf Grund der Krankenversicherung Anspruch auf eine gleiche Fürsorge haben, oder nach § 136 dieses Gesetzes von der Versicherungspflicht befreit sind, oder sich im Auslande aufhalten. Soweit aber solchen Personen die im § 6 Absatz 1 Ziffer 1 des Krankenversicherungsgesetzes bezeichneten Leistungen von den zunächst Verpflichteten nicht gewährt werden, hat die Gemeinde dieselben mit Vorbehalt des Ersatzanspruchs zu übernehmen. Die zu diesem Zweck gemachten Aufwendungen sind von den Verpflichteten zu erstatten.

Für außerhalb des Gemeindebezirks wohnhafte versicherte Personen hat die Gemeinde ihres Wohnorts die im Absatz 1 bezeichneten Leistungen unter Vorbehalt des Anspruchs auf Ersatz der aufgewendeten Kosten zu übernehmen.

Als Beschäftigungsort gilt im Zweifel diejenige Gemeinde, in deren Bezirk der Sitz des Betriebes (§ 44) belegen ist.

Die Berufsgenossenschaft ist befugt, die im Absatz 1 bezeichneten Leistungen selbst zu übernehmen. Dieselbe ist ferner befugt, der Gemeinde-Krankenversicherung oder Krankenkasse, welcher der Verletzte angehört, die Fürsorge für denselben über die dreizehnte Woche hinaus bis zur Beendigung des Heilverfahrens zu übertragen. In diesem Falle hat sie die gemachten Aufwendungen zu ersetzen.

Als Ersatz der Kosten des Heilverfahrens gilt die Hälfte des nach dem Krankenversicherungsgesetze zu gewährenden Mindestbetrages des Krankengeldes, sofern nicht höhere Aufwendungen nachgewiesen werden.

Verhältniß zu Krankenkassen, Armenverbänden ꝛc.

§ 11.

Die Verpflichtung der eingeschriebenen Hülfskassen, sowie der sonstigen Kranken-, Sterbe-, Invaliden- und anderen Unterstützungskassen, den von Betriebsunfällen betroffenen Arbeitern und Betriebsbeamten, sowie deren Angehörigen und Hinterbliebenen Unterstützung zu gewähren, sowie die Verpflichtung von Gemeinden oder Armenverbänden zur Unterstützung hülfsbedürftiger Personen wird durch dieses Gesetz nicht berührt. Soweit auf Grund solcher Verpflichtung Unterstützungen in Fällen gewährt sind, in welchen dem Unterstützten nach Maßgabe der §§ 6 bis 8 dieses Gesetzes ein Entschädigungsanspruch zusteht, geht der letztere bis zum Betrage der geleisteten Unterstützung auf die Kassen, die Gemeinden oder die Armenverbände über, von welchen die Unterstützung gewährt worden ist.

Das Gleiche gilt von den Betriebsunternehmern und Kassen, welche die den bezeichneten Gemeinden und Armenverbänden obliegende Verpflichtung zur Unterstützung auf Grund gesetzlicher Vorschrift erfüllt haben.

---

*) § 6 Abf. 1 Ziffer 1 des Krankenversicherungsgesetzes lautet:
Als Krankenunterstützung ist zu gewähren:
1. vom Beginn der Krankheit ab freie ärztliche Behandlung, Arznei, sowie Brillen, Bruchbänder und ähnliche Heilmittel.

§ 12.

Streitigkeiten über Unterstützungsansprüche, welche aus der Bestimmung des § 10 zwischen den Verletzten einerseits und den Gemeinden andererseits entstehen, werden von der Aufsichtsbehörde entschieden. Die Entscheidung ist vorläufig vollstreckbar. Dieselbe kann im Verwaltungsstreitverfahren, wo ein solches nicht besteht, im Wege des Rekurses nach Maßgabe der Vorschriften der §§ 20, 21 der Gewerbeordnung*) angefochten werden.

Streitigkeiten über Ersatzansprüche, welche aus den Bestimmungen des § 10 entstehen, werden im Verwaltungsstreitverfahren, wo ein solches nicht besteht, von der Aufsichtsbehörde der in Anspruch genommenen Gemeinde, Gemeinde-Krankenversicherung oder Krankenkasse entschieden. Gegen die Entscheidung der letzteren findet der Rekurs nach Maßgabe der Vorschriften der §§ 20, 21 der Gewerbeordnung statt.

Der Landes-Zentralbehörde bleibt überlassen, vorzuschreiben, daß anstatt des Rekursverfahrens innerhalb der Rekursfrist die Berufung auf den Rechtsweg mittelst Erhebung der Klage stattfinde.

Träger der Versicherung (Berufsgenossenschaften).

§ 13.

Die Versicherung erfolgt auf Gegenseitigkeit durch die Unternehmer der unter § 1 fallenden Betriebe, welche zu diesem Zweck in Berufsgenossenschaften vereinigt werden. Die Berufsgenossenschaften sind für örtliche Bezirke zu bilden und umfassen alle im § 1 genannten Betriebe, deren Sitz sich in demjenigen Bezirke befindet, für welchen die Genossenschaft errichtet ist.

---

*) Die §§ 20 und 21 der Gewerbeordnung lauten:

§ 20. Gegen den Bescheid ist Rekurs an die nächstvorgesetzte Behörde zulässig, welcher bei Verlust desselben binnen vierzehn Tagen, vom Tage der Eröffnung des Bescheides an gerechnet, gerechtfertigt werden muß.

Der Rekursbescheid ist den Parteien schriftlich zu eröffnen und muß mit Gründen versehen sein.

§ 21. Die näheren Bestimmungen über die Behörden und das Verfahren, sowohl in der ersten als in der Rekurs-Instanz, bleiben den Landesgesetzen vorbehalten. Es sind jedoch folgende Grundsätze einzuhalten:

1. In erster oder in zweiter Instanz muß die Entscheidung durch eine kollegiale Behörde erfolgen. Diese Behörde ist befugt, Untersuchungen an Ort und Stelle zu veranlassen, Zeugen und Sachverständige zu laden und eidlich zu vernehmen, überhaupt den angetretenen Beweis in vollem Umfange zu erheben.

2. Bildet die kollegiale Behörde die erste Instanz, so erteilt sie ihre Entscheidung in öffentlicher Sitzung, nach erfolgter Ladung und Anhörung der Parteien, auch in dem Falle, wenn zwar Einwendungen nicht angebracht sind, die Behörde aber nicht ohne weiteres die Genehmigung erteilen will, und der Antragsteller innerhalb vierzehn Tagen nach Empfang des, die Genehmigung versagenden oder nur unter Bedingungen erteilenden Bescheides der Behörde auf mündliche Verhandlung anträgt.

3. Bildet die kollegiale Behörde die zweite Instanz, so erteilt sie stets ihre Entscheidung in öffentlicher Sitzung, nach erfolgter Ladung und Anhörung der Parteien.

4. Als Parteien sind der Unternehmer (Antragsteller), sowie diejenigen Personen zu betrachten, welche Einwendungen erhoben haben.

5. Die Oeffentlichkeit der Sitzungen kann unter entsprechender Anwendung der §§ 173 bis 176 des Gerichtsverfassungsgesetzes ausgeschlossen oder beschränkt werden.

Als Unternehmer gilt derjenige, für dessen Rechnung der Betrieb erfolgt.

Die Bezirke, für welche die einzelnen Berufsgenossenschaften gebildet sind, werden durch den Reichsanzeiger veröffentlicht.

Die Berufsgenossenschaften können unter ihrem Namen Rechte erwerben und Verbindlichkeiten eingehen, vor Gericht klagen und verklagt werden.

Für die Verbindlichkeiten der Berufsgenossenschaft haftet den Gläubigern derselben nur das Genossenschaftsvermögen.

Auflösung von Berufsgenossenschaften.

§ 14.

Berufsgenossenschaften, welche zur Erfüllung der ihnen durch dieses Gesetz auferlegten Verpflichtungen leistungsunfähig werden, können auf Antrag des Reichs-Versicherungsamts, vorbehaltlich der Bestimmungen des § 113, von dem Bundesrath aufgelöst werden. Diejenigen Betriebe, welche die aufgelöste Genossenschaft gebildet haben, sind anderen Berufsgenossenschaften nach deren Anhörung zuzutheilen.

Mit der Auflösung der Genossenschaft gehen deren Rechtsansprüche und Verpflichtungen, vorbehaltlich der Bestimmungen der §§ 101, 113, 114, auf das Reich über.

Aufbringung der Mittel.

§ 15.

Die Mittel zur Deckung der von den Berufsgenossenschaften zu leistenden Entschädigungsbeträge und der Verwaltungskosten werden durch Beiträge aufgebracht, welche auf die Mitglieder jährlich umgelegt werden.

Zu anderen Zwecken als zur Deckung der von der Genossenschaft zu leistenden Entschädigungen und der Verwaltungskosten, zur Gewährung von Prämien für Rettung Verunglückter und für Abwendung von Unglücksfällen, sowie zur Ansammlung eines Reservefonds (§ 17) dürfen weder Beiträge von den Genossenschaftsmitgliedern erhoben werden, noch Verwendungen aus dem Vermögen der Genossenschaft erfolgen.

Behufs Bestreitung der Verwaltungskosten kann die Berufsgenossenschaft von den Mitgliedern für das erste Jahr einen Beitrag im Voraus erheben. Falls die Landesgesetzgebung oder das Statut hierüber nichts Anderes bestimmen, erfolgt die Aufbringung der hierzu erforderlichen Mittel vorschußweise nach der Zahl der von den Mitgliedern in ihren Betrieben dauernd beschäftigten versicherten Personen. Dabei ist das von den Gemeindebehörden aufzustellende Verzeichniß (§ 34) maßgebend.

§ 16.

Durch die Landesgesetzgebung, das Statut oder durch Beschluß der Genossenschaftsversammlung, welcher der Genehmigung der Landes-Zentralbehörde bedarf, kann bestimmt werden, daß Unternehmer solcher Betriebe, welche mit erheblicher Unfallgefahr nicht verbunden sind und in welchen ihres geringen Umfanges wegen Lohnarbeiter nur ausnahmsweise beschäftigt werden, von Beiträgen ganz oder theilweise befreit sein sollen, und in welcher Weise bei der Ermittelung der zu befreienden Unternehmer verfahren werden soll.

Streitigkeiten, welche wegen einer solchen Befreiung zwischen der Berufsgenossenschaft oder ihren Organen einerseits und den Unternehmern andererseits entstehen, werden von der höheren Verwaltungsbehörde endgültig entschieden.

§ 17.

Durch Landesgesetz oder durch das Statut kann die Ansammlung eines Reserve=
fonds angeordnet werden. Geschieht dies, so ist zugleich darüber Bestimmung zu
treffen, unter welchen Voraussetzungen die Zinsen des Reservefonds für die Deckung
der der Genossenschaft obliegenden Lasten zu verwenden sind, und in welchen Fällen
der Kapitalbestand des Reservefonds angegriffen werden darf.

II. Bildung und Veränderung der Berufsgenossenschaften.

Bildung der Berufsgenossenschaften.

§ 18.

Die Berufsgenossenschaften werden auf Grund von Vorschlägen der Landes=
regierungen durch den Bundesrath nach Anhörung des Reichs=Versicherungsamts
gebildet.

Vor Einbringung der Vorschläge sind Vertreter der unter § 1 fallenden Betriebe,
welche zu einer Berufsgenossenschaft vereinigt werden sollen, zu hören.

Statut der Berufsgenossenschaft.

§ 19.

Die Berufsgenossenschaft regelt ihre Angelegenheiten und ihre Geschäftsordnung
durch ein Genossenschaftsstatut, welches durch eine Generalversammlung (konstituirende
Genossenschaftsversammlung) zu beschließen ist.

§ 20.

Die konstituirende Genossenschaftsversammlung besteht aus Vertretern der Unter=
nehmer der unter § 1 fallenden Betriebe.

Die Gemeindevertretung oder, wo solche nicht besteht, die Gemeindebehörde
bezeichnet aus der Mitte der der Gemeinde angehörigen Unternehmer oder bevoll=
mächtigten Betriebsleiter Wahlmänner, deren Zahl die Landes=Zentralbehörde bestimmt.
Die Wahlmänner werden nach Bezirken, welche von den Landes=Zentralbehörden
bestimmt werden, zu Wahlversammlungen berufen. Die letzteren wählen aus ihrer
Mitte mit einfacher Stimmenmehrheit die Vertreter, aus welchen die konstituirende
Genossenschaftsversammlung besteht. Im Uebrigen wird das Wahlverfahren durch
eine von der Landes=Zentralbehörde zu erlassende Wahlordnung geregelt, in welcher
die Vertreter auf die Wahlbezirke nach der Zahl der Wahlmänner so zu vertheilen
sind, daß mindestens ein Vertreter auf je zwanzig Wahlmänner entfällt. Die Landes=
Zentralbehörde kann die Bestimmung der Wahlbezirke und den Erlaß der Wahl=
ordnung auch einer anderen Behörde übertragen.

Geht der Bezirk der Genossenschaft über die Grenzen eines Bundesstaates hin=
aus, so werden die Obliegenheiten der Landes=Zentralbehörde vom Reichs=Versiche=
rungsamt im Einvernehmen mit den Zentralbehörden der betheiligten Bundesstaaten
wahrgenommen.

§ 21.

Die Berufung der konstituirenden Genossenschaftsversammlung erfolgt, wenn der
Bezirk der Genossenschaft über die Grenzen eines Bundesstaates hinausgeht, durch
das Reichs=Versicherungsamt, im Uebrigen durch die Zentralbehörde des Bundes=

staates, zu welchem der Bezirk der Genossenschaft gehört, oder durch eine von der Zentralbehörde zu bestimmende andere Behörde.

Die Versammlung findet in Gegenwart eines Beauftragten derjenigen Behörde, welche dieselbe einberufen hat, statt. Der Beauftragte hat die Versammlung zu eröffnen, die Wahl eines aus einem Vorsitzenden, zwei Schriftführern und mindestens zwei Beisitzern bestehenden provisorischen Vorstandes herbeizuführen und, bis dieselbe erfolgt ist, die Verhandlungen zu leiten.

Nach erfolgter Wahl übernimmt der provisorische Vorstand die Leitung der Verhandlung, führt die Geschäfte bis zur Uebernahme derselben durch den definitiven Vorstand und beruft erforderlichenfalls die weiteren Genossenschaftsversammlungen. In den Genossenschaftsversammlungen muß der Beauftragte der Behörde auf Verlangen jederzeit gehört werden.

Die Beschlüsse der Genossenschaftsversammlung werden nach Stimmenmehrheit gefaßt. Bei Stimmengleichheit giebt die Stimme des Vorsitzenden den Ausschlag.

§ 22.

Das Genossenschaftsstatut muß Bestimmung treffen:
1. über Namen und Sitz der Genossenschaft;
2. über die Bildung des Genossenschaftsvorstandes und über den Umfang seiner Befugnisse;
3. über die Bildung des Genossenschaftsausschusses zur Entscheidung über Beschwerden (§§ 38, 82);
4. über die Zusammensetzung und Berufung der Genossenschaftsversammlung, sowie über die Art ihrer Beschlußfassung;
5. über das den Mitgliedern der Genossenschaftsversammlung zustehende Stimmrecht und die Prüfung ihrer Legitimation;
6. über den Maaßstab für die Umlegung der Beiträge und, sofern nicht die Umlegung nach dem Maaßstabe von Steuern erfolgt, über das bei der Veranlagung und Abschätzung zu beobachtende Verfahren (§§ 33, 37);
7. über das Verfahren bei Aenderungen in der Person des Unternehmers, sowie bei Betriebsveränderungen (§§ 47, 48);
8. über die Folgen der Betriebseinstellungen, insbesondere über die Sicherstellung der Beiträge der Unternehmer, welche den Betrieb einstellen;
9. über die den Vertretern der versicherten Arbeiter (§ 49) zu gewährenden Vergütungssätze (§§ 53 Abs. 2, 60 Abs. 1);
10. über die Aufstellung, Prüfung und Abnahme der Jahresrechnung;
11. über die Ausübung der der Genossenschaft zustehenden Befugnisse zum Erlaß von Vorschriften behufs der Unfallverhütung und zur Ueberwachung der Betriebe (§§ 87 ff.);
12. über das bei der Anmeldung und dem Ausscheiden der versicherten Betriebsunternehmer und anderer nach § 1 nicht versicherter Personen (§ 2) zu beobachtende Verfahren, sowie über die Ermittelung des Jahresarbeitsverdienstes der ersteren (§ 3) und darüber, welche in land- und forstwirthschaftlichen Betrieben des betreffenden Genossenschaftsbezirks beschäftigten Personen als Betriebsbeamte (§ 1 Abs. 4) anzusehen sind;
13. über die Voraussetzungen einer Abänderung des Statuts.

§ 23.

Die Genossenschaftsversammlung besteht aus Vertretern der versicherungs=
pflichtigen Unternehmer.

Das Statut kann vorschreiben, daß die Berufsgenossenschaft in örtlich abge=
grenzte Sektionen eingetheilt wird und daß Vertrauensmänner als örtliche Genossen=
schaftsorgane eingesetzt werden. Enthält dasselbe Vorschriften dieser Art, so ist
darin zugleich über Sitz und Bezirk der Sektionen, über die Zusammensetzung und
Berufung der Sektionsversammlungen, sowie über die Art ihrer Beschlußfassung,
über die Bildung der Sektionsvorstände und über den Umfang ihrer Befugnisse,
sowie über die Abgrenzung der Bezirke der Vertrauensmänner, die Wahl der
letzteren und ihrer Stellvertreter und den Umfang ihrer Befugnisse Bestimmung zu
treffen.

Die Abgrenzung der Bezirke der Vertrauensmänner, sowie die Wahl der letzteren
und ihrer Stellvertreter, kann von der Genossenschaftsversammlung dem Genossen=
schafts= oder Sektionsvorstande, die Wahl der Sektionsvorstände den Sektions=
versammlungen übertragen werden.

§ 24.

Das Genossenschaftsstatut bedarf zu seiner Gültigkeit der Genehmigung des
Reichs=Versicherungsamts.

Gegen die Entscheidung desselben, durch welche die Genehmigung versagt wird,
findet binnen einer Frist von vier Wochen nach der Zustellung an den provisorischen
Genossenschaftsvorstand (§ 21) die Beschwerde an den Bundesrath statt.

Wird innerhalb dieser Frist Beschwerde nicht eingelegt oder wird die Versagung
der Genehmigung des Statuts vom Bundesrath aufrecht erhalten, so sind die Ver=
treter (§ 20) innerhalb vier Wochen zu einer neuen Genossenschaftsversammlung be=
hufs anderweiter Beschlußfassung über das Statut in Gemäßheit des § 21 zu laden.
Wird auch dem von dieser Versammlung beschlossenen Statut die Genehmigung
endgültig versagt, so wird ein solches von dem Reichs=Versicherungsamt erlassen.

Abänderungen des Statuts bedürfen der Genehmigung des Reichs=Versicherungs=
amts. Gegen deren Versagung findet binnen einer Frist von vier Wochen die
Beschwerde an den Bundesrath statt.

Veröffentlichung des Namens und Sitzes der Genossenschaft 2c.
§ 25.

Nach endgültiger Feststellung des Statuts hat der Genossenschaftsvorstand durch
den Reichsanzeiger, für die über die Grenzen eines Bundesstaates sich nicht hinaus
erstreckenden Genossenschaften durch das zu den amtlichen Veröffentlichungen der
Landes=Zentralbehörde bestimmte Blatt bekannt zu machen:

1. den Namen und den Sitz der Genossenschaft,
2. die Bezirke der Sektionen und der Vertrauensmänner,
3. die Zusammensetzung des Genossenschaftsvorstandes und der Sektions=
   vorstände sowie, falls von den Bestimmungen des § 26 Gebrauch gemacht
   ist, die betreffenden Organe der Selbstverwaltung.

Etwaige Aenderungen sind in gleicher Weise zur öffentlichen Kenntniß zu
bringen.

Genossenschaftsvorstände.

§ 26.

Dem Genossenschaftsvorstande liegt die gesammte Verwaltung der Genossenschaft ob, soweit nicht einzelne Angelegenheiten durch Gesetz oder Statut der Beschlußnahme der Genossenschaftsversammlung vorbehalten oder anderen Organen der Genossenschaft übertragen sind.

Der Beschlußnahme der Genossenschaftsversammlung müssen vorbehalten werden:

1. die Wahl der Mitglieder des Genossenschaftsvorstandes,
2. Abänderungen des Statuts,
3. die Prüfung und Abnahme der Jahresrechnung, falls diese nicht einem Ausschusse der Genossenschaftsversammlung von der letzteren übertragen wird.

Durch Beschluß der Genossenschaftsversammlung kann für einen bestimmten Zeitraum die Prüfung und Abnahme der Jahresrechnung, sowie die Verwaltung der Genossenschaft, soweit sie den Vorständen zustehen würde, ganz oder zum Theil an Organe der Selbstverwaltung mit deren Zustimmung übertragen werden. Eine solche Uebertragung bedarf der Genehmigung der Landes-Zentralbehörde.

Soweit eine solche Uebertragung stattfindet, gehen die Befugnisse und Obliegenheiten der Organe der Genossenschaft auf die betreffenden Organe der Selbstverwaltung über.

§ 27.

Die Beschlußfassung der Vorstände kann in eiligen Fällen durch schriftliche Abstimmung erfolgen.

Mitglieder von Selbstverwaltungsbehörden, welche auf Grund des § 26 Abf. 3 die Verwaltung der Genossenschaft führen, dürfen in Angelegenheiten, an deren Bearbeitung sie in Wahrnehmung der Interessen der Genossenschaft theilgenommen haben, bei der Entscheidung im Verwaltungsstreitverfahren oder bei der Entscheidung der Aufsichtsbehörde (vgl. § 12) nicht mitwirken.

§ 28.

Die Genossenschaft wird durch ihren Vorstand gerichtlich und außergerichtlich vertreten. Die Vertretung erstreckt sich auch auf diejenigen Geschäfte und Rechtshandlungen, für welche nach den Gesetzen eine Spezialvollmacht erforderlich ist. Durch das Statut kann die Vertretung auch einem Mitgliede oder mehreren Mitgliedern des Vorstandes übertragen werden.

Durch die Geschäfte, welche der Vorstand der Genossenschaft und die Vorstände der Sektionen, sowie die Vertrauensmänner innerhalb der Grenzen ihrer gesetzlichen und statutarischen Vollmacht im Namen der Genossenschaft abschließen, wird die letztere berechtigt und verpflichtet.

Zur Legitimation der Vorstände bei Rechtsgeschäften genügt die Bescheinigung der höheren Verwaltungsbehörde, daß die darin bezeichneten Personen den Vorstand bilden.

§ 29.

Wählbar zu Mitgliedern der Vorstände und zu Vertrauensmännern sind nur die Mitglieder der Genossenschaft beziehungsweise deren gesetzliche Vertreter. Nicht wählbar ist, wer durch gerichtliche Anordnung in der Verfügung über sein Vermögen beschränkt ist oder sich nicht im Besitze der bürgerlichen Ehrenrechte befindet.

Die Ablehnung der Wahl ist nur aus denselben Gründen zulässig, aus welchen das Amt eines Vormundes abgelehnt werden kann. Eine Wiederwahl kann abgelehnt werden.

Genossenschaftsmitglieder, welche eine Wahl ohne solchen Grund ablehnen, können auf Beschluß der Genossenschaftsversammlung für die Dauer der Wahlperiode zu erhöhten Beiträgen bis zum doppelten Betrage herangezogen werden.

Das Statut kann bestimmen, daß die von den Unternehmern bevollmächtigten Leiter ihrer Betriebe zu Mitgliedern der Vorstände und zu Vertrauensmännern gewählt werden können.

§ 30.

Die Mitglieder der Vorstände und die Vertrauensmänner verwalten ihr Amt als unentgeltliches Ehrenamt, sofern nicht durch das Statut eine Entschädigung für den durch Wahrnehmung der Genossenschaftsgeschäfte ihnen erwachsenden Zeitverlust bestimmt wird. Baare Auslagen werden ihnen von der Genossenschaft ersetzt, und zwar, soweit sie in Reisekosten bestehen, nach festen, von der Genossenschaftsversammlung zu bestimmenden Sätzen.

§ 31.

Die Mitglieder der Vorstände, sowie die Vertrauensmänner haften der Genossenschaft für getreue Geschäftsverwaltung, wie Vormünder ihren Mündeln.

Mitglieder der Vorstände, sowie die Vertrauensmänner, welche absichtlich zum Nachtheil der Genossenschaft handeln, unterliegen der Strafbestimmung des § 266 des Strafgesetzbuchs.*)

§ 32.

Solange die Wahl der gesetzlichen Organe einer Genossenschaft nicht zu Stande kommt, solange ferner diese Organe die Erfüllung ihrer gesetzlichen oder statutarischen Obliegenheiten verweigern, hat das Reichs-Versicherungsamt die letzteren auf Kosten der Genossenschaft wahrzunehmen oder durch Beauftragte wahrnehmen zu lassen.

Maaßstab für die Umlegung der Beiträge.

§ 33.

Durch das Statut kann, sofern nicht durch die Landesgesetzgebung die Versicherung der Familienangehörigen des Betriebsunternehmers ausgeschlossen ist (§ 1 Abs. 3), bestimmt werden, daß die Beiträge der Berufsgenossen durch Zuschläge zu direkten Staats- oder Kommunalsteuern aufgebracht werden. Sofern das Statut eine solche Vorschrift enthält, muß dasselbe auch darüber Bestimmung treffen, wie solche Mit-

---

*) § 266 St.-G.-B. lautet:

Wegen Untreue werden mit Gefängniß, neben welchem auf Verlust der bürgerlichen Ehrenrechte erkannt werden kann, bestraft:

1. Vormünder, Kuratoren, Güterpfleger, Sequester, Massenverwalter, Vollstrecker letztwilliger Verfügungen und Verwalter von Stiftungen, wenn sie absichtlich zum Nachtheile der ihrer Aufsicht anvertrauten Personen oder Sachen handeln;

2. Bevollmächtigte, welche über Forderungen oder andere Vermögensstücke des Auftraggebers absichtlich zum Nachtheile desselben verfügen;

3. Feldmesser, Versteigerer, Mäkler, Güterbestätiger, Schaffner, Wäger, Messer, Bracker, Schauer, Stauer, und andere zur Betreibung ihres Gewerbes von der Obrigkeit verpflichtete Personen, wenn sie bei den ihnen übertragenen Geschäften absichtlich diejenigen benachtheiligen, deren Geschäfte sie besorgen.

glieder, welche die der Erhebung zu Grunde gelegte Steuer für ihren gesammten Betrieb oder einen Theil desselben nicht zu entrichten haben, zu den Genossenschafts= lasten heranzuziehen sind.

Sofern das Statut die Umlegung nach dem Maaßstabe von Steuern nicht vor= schreibt, erfolgt die Umlegung der Beiträge nach der Höhe der mit dem Betriebe verbundenen Unfallgefahr und dem Maaß der in den Betrieben durchschnittlich erforderlichen menschlichen Arbeit.

Gefahrenklassen und Abschätzung.

§ 34.

Jede Gemeindebehörde hat für ihren Bezirk nach Bildung der Berufsgenossen= schaft binnen einer von dem Reichs=Versicherungsamt zu bestimmenden und öffentlich bekannt zu machenden Frist ein Verzeichniß sämmtlicher Unternehmer der unter § 1 fallenden Betriebe aufzustellen und durch Vermittelung der unteren Verwaltungs= behörde dem Genossenschaftsvorstande zu übersenden. In dem Verzeichnisse ist für jeden Unternehmer anzugeben, wieviel versicherte männliche und weibliche Betriebs= beamte und Arbeiter derselbe dauernd und wieviel versicherte Personen derselbe vorübergehend im Jahresdurchschnitt beschäftigt; bezüglich der letzteren ist auch die durchschnittliche Dauer der Beschäftigung anzugeben.

Die Gemeindebehörde ist befugt, die Unternehmer zu einer Auskunft über die vorstehend bezeichneten Verhältnisse innerhalb einer zu bestimmenden Frist durch Geld= strafen im Betrage bis zu einhundert Mark anzuhalten. Wird die Auskunft nicht vollständig oder nicht rechtzeitig ertheilt, so hat die Gemeindebehörde bei Aufstellung des Verzeichnisses nach ihrer Kenntniß der Verhältnisse zu verfahren.

§ 35.

Durch die Genossenschaftsversammlung sind für die der Genossenschaft angehörenden Betriebe je nach dem Grade der mit denselben verbundenen Unfallgefahr entsprechende Gefahrenklassen zu bilden und über das Verhältniß der in denselben zu leistenden Beitragssätze Bestimmungen zu treffen (Gefahrentarif).

Durch Beschluß der Genossenschaftsversammlung kann die Aufstellung und Aenderung des Gefahrentarifs einem Ausschusse oder dem Vorstande übertragen werden.

Die Aufstellung und Abänderung des Gefahrentarifs bedarf der Genehmigung des Reichs=Versicherungsamts.

Wird ein Gefahrentarif von der Genossenschaft innerhalb einer vom Reichs=Ver= sicherungsamt zu bestimmenden Frist nicht aufgestellt, oder dem aufgestellten die Ge= nehmigung versagt, so hat das Reichs=Versicherungsamt nach Anhörung der mit der Aufstellung beauftragten Organe der Genossenschaft den Tarif selbst festzusetzen.

Der Gefahrentarif ist nach Ablauf von längstens zwei Rechnungsjahren und sodann mindestens von fünf zu fünf Jahren unter Berücksichtigung der in den einzelnen Betrieben vorgekommenen Unfälle einer Revision zu unterziehen. Die Ergebnisse derselben sind mit dem Verzeichnisse der in den einzelnen Betrieben vorgekommenen, auf Grund dieses Gesetzes zu entschädigenden Unfälle der Genossenschaftsversammlung zur Beschlußfassung über die Beibehaltung oder Aenderung der bisherigen Gefahren= klassen oder Gefahrentarife vorzulegen. Die Genossenschaftsversammlung kann den Unternehmern nach Maßgabe der in ihren Betrieben vorgekommenen Unfälle für die nächste Periode Zuschläge auflegen oder Nachlässe bewilligen. Die über die Aenderung der bisherigen Gefahrenklassen oder Gefahrentarife gefaßten Beschlüsse bedürfen zu ihrer Gültigkeit der Genehmigung des Reichs-Versicherungsamts; demselben ist das Verzeichniß der vorgekommenen Unfälle vorzulegen.

In Genossenschaften, in welchen die einzelnen Betriebe eine erhebliche Verschiedenheit der Unfallgefahr nicht bieten, kann die Genossenschaftsversammlung beziehungsweise der Vorstand oder Ausschuß (Abs. 2) beschließen, daß von der Aufstellung eines Gefahrentarifs Abstand zu nehmen ist. Der Beschluß bedarf der Genehmigung des Reichs-Versicherungsamts. Diese Genehmigung kann zurückgezogen werden, wenn aus den Verzeichnissen der in den einzelnen Betrieben vorgekommenen Unfälle (Abs. 5) sich ergiebt, daß die Unfallgefahr in den einzelnen Betrieben eine wesentlich verschiedene ist.

§ 36.

Für jeden Unternehmer wird unter Berücksichtigung der Zahl der in seinem Betriebe beschäftigten Arbeiter und der Dauer ihrer Beschäftigung (§ 34) die Zahl derjenigen Arbeitstage abgeschätzt, welche zur Bewirthschaftung seines Betriebes im Jahresdurchschnitt erforderlich sind. Dabei sind dauernd beschäftigte Arbeiter mit dreihundert Arbeitstagen in Rechnung zu ziehen, die Arbeitstage weiblicher Personen nach Verhältniß des Jahresarbeitsverdienstes (§ 6 Abs. 3) auf Arbeitstage männlicher Arbeiter zurückzuführen, die Arbeitsleistung von Betriebsbeamten, Betriebsunternehmern und deren nicht versicherten Familienangehörigen (§ 1 Abs. 3) aber nicht zu berücksichtigen (vergl. § 80).

§ 37.

Die Veranlagung der Betriebe zu den Gefahrenklassen (§ 35), sowie die Abschätzung der Betriebe (§ 36) liegt nach näherer Bestimmung des Statuts (§ 22) den Organen der Genossenschaft ob.

Die Mitglieder der Genossenschaft sind verpflichtet, den Organen derselben auf Erfordern binnen zwei Wochen über ihre Betriebs- und Arbeiterverhältnisse diejenige weitere Auskunft zu ertheilen, welche zur Durchführung der Veranlagung und Abschätzung erforderlich ist.

§ 38.

Den Gemeindebehörden sind seitens der Genossenschaft Verzeichnisse mitzutheilen, aus denen sich ergiebt, welche Betriebe der Gemeinde als zur Genossenschaft gehörig erachtet werden, und sofern die Umlegung nicht nach dem Maaßstabe von Steuern erfolgt, welches das Ergebniß der Veranlagung und Abschätzung der Betriebe ist, und wieviel Arbeiter als dauernd beschäftigt angenommen sind. Die Gemeindebehörde hat diese Verzeichnisse während zwei Wochen zur Einsicht der Betheiligten auszulegen und den Beginn dieser Frist auf ortsübliche Weise bekannt zu machen.

Binnen einer weiteren Frist von vier Wochen können die Betriebsunternehmer wegen der Aufnahme oder Nichtaufnahme ihrer Betriebe in die Verzeichnisse, sowie gegen die Veranlagung und Abschätzung ihrer Betriebe bei dem Genossenschaftsvorstande beziehungsweise dem Genossenschaftsorgane, durch welches die Veranlagung und Abschätzung erfolgt ist, Einspruch erheben.

Gegen den auf den Einspruch schriftlich zu ertheilenden Bescheid steht dem Betriebsunternehmer binnen zwei Wochen nach der Zustellung die Beschwerde an den Genossenschaftsausschuß (§ 22 Ziffer 3) und gegen die Entscheidung des letzteren binnen gleicher Frist die Berufung an das Reichs-Versicherungsamt zu.

Der auf den Einspruch erfolgende Bescheid ist vorläufig vollstreckbar.

Die Mitglieder des Genossenschaftsausschusses dürfen bei der ersten Veranlagung und Abschätzung der Betriebe nicht mitwirken.

§ 39.

In denjenigen Terminen, in welchen der Gefahrentarif zu revidiren ist (§ 35 Abs. 5), ist auch die Veranlagung und die Abschätzung der Betriebe einer Revision zu unterziehen. Hierbei ist in derselben Weise wie bei der ersten Veranlagung und Abschätzung zu verfahren.

Theilung des Risikos.

§ 40.

Durch das Statut kann vorgeschrieben werden, daß die Entschädigungsbeträge bis zu fünfzig Prozent von den Sektionen zu tragen sind, in deren Bezirken die Unfälle eingetreten sind.

Die hiernach den Sektionen zur Last fallenden Beträge sind auf die Mitglieder derselben nach Maßgabe der für die Genossenschaft zu leistenden Beiträge umzulegen.

Gemeinsame Tragung des Risikos.

§ 41.

Vereinbarungen von Genossenschaften, die von ihnen zu leistenden Entschädigungsbeträge ganz oder zum Theil gemeinsam zu tragen, sind zulässig. Derartige Vereinbarungen bedürfen zu ihrer Gültigkeit der Zustimmung der betheiligten Genossenschaftsversammlungen, sowie der Genehmigung des Reichs-Versicherungsamts. Dieselben dürfen nur mit dem Beginn eines neuen Rechnungsjahres in Wirksamkeit treten.

Die Vereinbarung hat sich darauf zu erstrecken, in welcher Weise der gemeinsam zu tragende Entschädigungsbetrag auf die betheiligten Genossenschaften zu vertheilen ist.

Ueber die Vertheilung des auf eine jede Genossenschaft entfallenden Antheils an der gemeinsam zu tragenden Entschädigung unter die Mitglieder der Genossenschaft entscheidet die Genossenschaftsversammlung. Mangels einer anderweiten Bestimmung erfolgt die Umlage dieses Betrages in gleicher Weise, wie die der von der Genossenschaft zu leistenden Entschädigungsbeträge.

Abänderung des Bestandes der Berufsgenossenschaften.

§ 42.

Nach erfolgtem Abschlusse der Organisation der Berufsgenossenschaften sind Aenderungen in dem Bestande der letzteren mit dem Beginn eines neuen Rechnungsjahres unter nachstehenden Voraussetzungen zulässig:

1) Die Vereinigung mehrerer Genossenschaften erfolgt auf übereinstimmenden Beschluß der Genossenschaftsversammlungen mit Genehmigung des Bundesraths.

2) Das Ausscheiden einzelner örtlich abgegrenzter Theile aus einer Genossenschaft und die Zutheilung derselben zu einer anderen Genossenschaft erfolgt auf Beschluß der betheiligten Genossenschaftsversammlungen mit Genehmigung des Bundesraths. Die Genehmigung kann versagt werden, wenn durch das Ausscheiden die Leistungsfähigkeit einer der betheiligten Genossenschaften in Bezug auf die ihr obliegenden Pflichten gefährdet wird.

3) Wird die Vereinigung mehrerer Genossenschaften oder das Ausscheiden einzelner örtlich abgegrenzter Theile aus einer Genossenschaft und die Zutheilung derselben zu einer anderen Genossenschaft auf Grund eines Genossenschaftsbeschlusses beantragt, dagegen von der anderen betheiligten Genossenschaft abgelehnt, so entscheidet auf Anrufen der Bundesrath.

4) Anträge auf Ausscheidung einzelner örtlich abgegrenzter Theile aus einer Genossenschaft und Bildung einer besonderen Genossenschaft für dieselben sind zunächst der Beschlußfassung der Genossenschaftsversammlung zu unterbreiten und sodann dem Bundesrath zur Entscheidung vorzulegen.

Wird die Genehmigung ertheilt, so erfolgt die Beschlußfassung über das Statut für die neue Genossenschaft nach Maßgabe der Bestimmungen in den §§ 19 bis 25.

§ 43.

Werden mehrere Genossenschaften zu einer Genossenschaft vereinigt, so gehen mit dem Zeitpunkte, zu welchem die Veränderung in Wirksamkeit tritt, alle Rechte und Pflichten der vereinigten Genossenschaften auf die neugebildete Genossenschaft über.

Wenn einzelne örtlich abgegrenzte Theile aus einer Genossenschaft ausscheiden und einer anderen Genossenschaft angeschlossen werden, so sind von dem Eintritt dieser Veränderung ab die Entschädigungsansprüche, welche gegen die erstere Genossenschaft aus den in Betrieben der ausscheidenden Genossenschaftstheile eingetretenen Unfällen erwachsen sind, von der Genossenschaft zu befriedigen, welcher die Genossenschaftstheile nunmehr angeschlossen sind.

Scheiden einzelne örtlich abgegrenzte Theile aus einer Genossenschaft unter Bildung einer neuen Genossenschaft aus, so sind von dem Zeitpunkte der Ausscheidung ab die Entschädigungsansprüche, welche gegen die erstere Genossenschaft aus den in Betrieben der ausscheidenden Genossenschaftstheile eingetretenen Unfällen erwachsen sind, von der neugebildeten Genossenschaft zu befriedigen.

Insoweit zufolge des Ausscheidens von örtlich abgegrenzten Theilen Entschädigungsansprüche auf andere Genossenschaften übergehen, haben die letzteren Anspruch auf einen entsprechenden Theil des Reservefonds und des sonstigen Vermögens derjenigen Genossenschaft, aus welcher die Ausscheidung stattfindet.

Die vorstehenden Bestimmungen können durch übereinstimmenden Beschluß der betheiligten Genossenschaftsversammlungen abgeändert oder ergänzt werden.

Streitigkeiten, welche in Betreff der Vermögensauseinandersetzung zwischen den betheiligten Genossenschaften entstehen, werden mangels Verständigung derselben über eine schiedsgerichtliche Entscheidung von dem Reichs-Versicherungsamt entschieden.

III. Mitgliedschaft. Betriebsveränderungen.

Mitgliedschaft.

§ 44.

Mitglied der Genossenschaft ist jeder Unternehmer eines unter § 1 fallenden Betriebes, dessen Sitz in dem Bezirke der Genossenschaft belegen ist.

Eine Gesammtheit von Grundstücken eines Unternehmers, für deren landwirthschaftlichen Gesammtbetrieb gemeinsame Wirthschaftsgebäude bestimmt sind, gilt im Sinne dieses Gesetzes als ein einziger Betrieb. Als Sitz eines landwirthschaftlichen Betriebes, welcher sich über die Bezirke mehrerer Gemeinden erstreckt, gilt diejenige

Gemeinde, in deren Bezirk die gemeinsamen Wirthschaftsgebäude belegen sind. Dabei entscheiden diejenigen Wirthschaftsgebäude, welche für die wirthschaftlichen Hauptzwecke des Betriebes bestimmt sind. Die betheiligten Gemeinden und Unternehmer können sich über einen anderen Betriebssitz einigen.

Mehrere forstwirthschaftliche Grundstücke eines Unternehmers, welcher derselben unmittelbaren Betriebsleitung (Revierverwaltung) unterstellt sind, gelten als ein einziger Betrieb. Forstwirthschaftliche Grundstücke verschiedener Unternehmer gelten als Einzelbetriebe, auch wenn sie zusammen derselben Betriebsleitung unterstellt sind. Als Sitz eines forstwirthschaftlichen Betriebes, welcher sich über mehrere Gemeindebezirke erstreckt, gilt diejenige Gemeinde, in deren Bezirk der größte Theil der Forstgrundstücke belegen ist, sofern nicht die betheiligten Gemeinden und der Unternehmer sich über einen anderen Betriebssitz einigen.

Ueber die Zugehörigkeit gemischter, theils land-, theils forstwirthschaftlicher Betriebe zur Genossenschaft entscheidet der Hauptbetrieb.

Wahlberechtigt und wahlfähig sind die Mitglieder der Genossenschaft nur dann, wenn sie sich im Besitze der bürgerlichen Ehrenrechte befinden.

§ 45.

Die Mitgliedschaft beginnt für die Unternehmer der unter § 1 fallenden Betriebe, welche zur Zeit der Bildung der Genossenschaft bestehen, mit diesem Zeitpunkte, für die Unternehmer später eröffneter Betriebe mit dem Zeitpunkte der Eröffnung des Betriebes.

§ 46.

Von der Eröffnung eines neuen Betriebes hat die Gemeindebehörde durch Vermittelung der unteren Verwaltungsbehörde dem Genossenschaftsvorstande Kenntniß zu geben. Derselbe hat die Zugehörigkeit zur Genossenschaft zu prüfen. Wird die Zugehörigkeit anerkannt, so ist nach §§ 37 und 38 zu verfahren. Wird die Zugehörigkeit abgelehnt, so hat der Genossenschaftsvorstand der unteren Verwaltungsbehörde hiervon Mittheilung zu machen. Diese hat sodann die Entscheidung des Reichs-Versicherungsamts einzuholen.

§ 47.

Jeder Wechsel in der Person desjenigen, für dessen Rechnung der Betrieb erfolgt, ist von dem Unternehmer binnen einer durch das Statut festzusetzenden Frist dem Genossenschaftsvorstande anzuzeigen. Ist die Anzeige von dem Wechsel nicht erfolgt, so werden die auf die Genossenschaftsmitglieder umzulegenden Beiträge von dem bisherigen Unternehmer bis für dasjenige Rechnungsjahr einschließlich forterhoben, in welchem die Anzeige geschieht, ohne das dadurch der neue Unternehmer von der auch ihm gesetzlich obliegenden Verhaftung für die Beiträge entbunden ist.

§ 48.

In Betreff der Anmeldung von Aenderungen in dem Betriebe, welche für die Zugehörigkeit desselben zur Genossenschaft oder für die Umlegung der Beiträge (§§ 16, 33, 35, 36) von Bedeutung sind, sowie in Betreff des weiteren Verfahrens hat das Genossenschaftsstatut (§ 22) Bestimmung zu treffen.

Gegen die auf die Anmeldung der Aenderung oder von Amtswegen ergehenden Bescheide der zuständigen Genossenschaftsorgane steht dem Betriebsunternehmer binnen einer Frist von zwei Wochen die Beschwerde an das Reichs-Versicherungsamt zu.

IV. Vertretung der Arbeiter.

Vertretung der Arbeiter.

§ 49.

Zum Zweck der Theilnahme an den Entscheidungen der Schiedsgerichte, an den Unfalluntersuchungen und an den Verhandlungen des Reichs-Versicherungsamts werden Vertreter der Arbeiter berufen. Die Berufung erfolgt nach Maßgabe der §§ 51, 59, 95.

Zur Vertretung der Arbeiter sind nur zu berufen männliche, großjährige, auf Grund dieses Gesetzes versicherte Personen, welche in Betrieben der Genossenschaftsmitglieder beschäftigt sind, sich im Besitze der bürgerlichen Ehrenrechte befinden und nicht durch richterliche Anordnung in der Verfügung über ihr Vermögen beschränkt sind.

V. Schiedsgerichte.

Schiedsgerichte.

§ 50.

Für jeden Bezirk einer Berufsgenossenschaft oder, sofern dieselbe in Sektionen getheilt ist, einer Sektion wird ein Schiedsgericht errichtet.

Der Bundesrath kann anordnen, daß statt eines Schiedsgerichts deren mehrere nach Bezirken gebildet werden.

Der Sitz des Schiedsgerichts wird von der Zentralbehörde des Bundesstaates, zu welchem der Bezirk desselben gehört, oder, sofern der Bezirk über die Grenzen eines Bundesstaates hinausgeht, im Einvernehmen mit den betheiligten Zentralbehörden von dem Reichs-Versicherungsamt bestimmt.

§ 51.

Jedes Schiedsgericht besteht aus einem ständigen Vorsitzenden und aus vier Beisitzern.

Der Vorsitzende wird aus der Zahl der öffentlichen Beamten, mit Ausschluß der Beamten derjenigen Betriebe, welche unter dieses Gesetz fallen, von der Zentralbehörde des Landes, in welchem der Sitz des Schiedsgerichts belegen ist, ernannt. Für den Vorsitzenden ist in gleicher Weise ein Stellvertreter zu ernennen, welcher ihn in Behinderungsfällen vertritt.

Zwei Beisitzer werden von der Genossenschaft oder, sofern die Genossenschaft in Sektionen getheilt ist, von der betheiligten Sektion gewählt. Wählbar sind die Genossenschaftsmitglieder und die von denselben bevollmächtigten Leiter ihrer Betriebe, sofern sie sich im Besitze der bürgerlichen Ehrenrechte befinden, weder dem Vorstande der Genossenschaft, noch dem Vorstande der Sektion, noch den Vertrauensmännern angehören und nicht durch richterliche Anordnung in der Verfügung über ihr Vermögen beschränkt sind.

Die beiden anderen Beisitzer werden, wenn in dem Bezirke einer Genossenschaft oder einer Sektion die Krankenversicherungspflicht für land- oder forstwirthschaftliche Arbeiter eingeführt ist, aus der Zahl der den Bestimmungen des § 49 Absatz 2 genügenden, dem Arbeiterstande angehörenden Personen seitens der Vorstände derjenigen Orts- und Betriebskrankenkassen, welche in dem Bezirke der Genossenschaft beziehungsweise Sektion ihren Sitz haben und welchen mindestens zehn in Betrieben der Genossenschaftsmitglieder beschäftigte, nach § 1 versicherte Personen angehören, unter Ausschluß der Arbeitgeber, gewählt. Das Wahlverfahren wird durch ein Regulativ geregelt, welches das Reichs-Versicherungsamt oder, sofern der Bezirk der Genossenschaft oder der Sektion nur solche Betriebe umfaßt, deren Sitz innerhalb desselben Bundesstaates belegen ist, die Landes-Zentralbehörde oder die von dieser zu bestimmende andere Behörde erläßt. Das Wahlverfahren leitet ein Beauftragter derjenigen Behörde, von welcher das Regulativ erlassen ist.

Befinden sich in dem Bezirke der Genossenschaft beziehungsweise Sektion keine Orts- oder Betriebskrankenkassen, bei denen die Voraussetzungen des Absatzes 4 zutreffen, so werden die daselbst bezeichneten beiden Beisitzer von Seiten der Vertretungen der betheiligten Gemeinden oder weiteren Komunalverbände nach näherer Bestimmung der Landes-Zentralbehörde berufen. Das hierbei zu beobachtende Verfahren wird durch ein in Gemäßheit der Bestimmungen des Absatzes 4 zu erlassendes Regulativ geregelt.

Für jeden Beisitzer ist ein erster und ein zweiter Stellvertreter zu bestellen, welche ihn in Behinderungsfällen zu vertreten haben.

Die Amtsdauer der Beisitzer und Stellvertreter währt vier Jahre. Alle zwei Jahre scheidet die Hälfte der Beisitzer und ihrer Stellvertreter aus. Die erstmalig Ausscheidenden werden durch das Loos bestimmt, demnächst entscheidet das Dienstalter. Scheidet ein Beisitzer während seiner Amtsdauer aus, so treten für den Rest derselben die Stellvertreter nach ihrer Reihenfolge für ihn ein. Ausscheidende Beisitzer und Stellvertreter können wieder bestellt werden.

§ 52.

Der Name und Wohnort des Vorsitzenden, sowie der Mitglieder des Schiedsgerichts und der Stellvertreter derselben ist von der Landes-Zentralbehörde (§ 51 Abf. 2) in dem zu deren amtlichen Veröffentlichungen bestimmten Blatte öffentlich bekannt zu machen.

§ 53.

Der Vorsitzende und dessen Stellvertreter, die Beisitzer und deren Stellvertreter sind mit Beziehung auf ihr Amt zu beeidigen.

Auf das Amt der Beisitzer des Schiedsgerichts finden die Bestimmungen der §§ 29 Absatz 2 und 30 Anwendung. Die aus der Zahl der Versicherten berufenen Beisitzer erhalten nach den durch das Genossenschaftsstatut zu bestimmenden Sätzen Ersatz für den ihnen in Folge ihrer Theilnahme an den Verhandlungen entgangenen Arbeitsverdienst. Die Festsetzung des Ersatzes, sowie der baaren Auslagen erfolgt durch den Vorsitzenden.

Die Behörde, welche das im § 51 Absatz 4 und 5 vorgesehene Regulativ erlassen hat, ist berechtigt, die Uebernahme und die Wahrnehmung der Obliegenheiten des Amts eines Beisitzers oder Stellvertreters durch Geldstrafen bis zu fünfhundert Mark gegen die ohne gesetzlichen Grund sich Weigernden zu erzwingen. Die Geldstrafen fließen zur Genossenschaftskasse.

Verweigern die Gewählten gleichwohl ihre Dienstleistung, oder kommt eine Wahl nicht zu Stande, so hat, solange und soweit dies der Fall ist, die untere Verwaltungsbehörde, in deren Bezirk der Sitz des Schiedsgerichts belegen ist, die Beisitzer aus der Zahl der Arbeitgeber und Arbeitnehmer zu ernennen.

Verfahren vor dem Schiedsgericht.

§ 54.

Der Vorsitzende beruft das Schiedsgericht und leitet die Verhandlungen desselben. Das Schiedsgericht ist befugt, denjenigen Theil des Betriebes, in welchem der Unfall vorgekommen ist, in Augenschein zu nehmen, sowie Zeugen und Sachverständige — auch eidlich — zu vernehmen.

Das Schiedsgericht ist nur beschlußfähig, wenn außer dem Vorsitzenden eine gleiche Anzahl von Arbeitgebern und Arbeitnehmern, und zwar mindestens je einer als Beisitzer mitwirken.

Die Entscheidungen des Schiedsgerichts erfolgen nach Stimmenmehrheit.

Im Uebrigen wird das Verfahren vor dem Schiedsgericht durch Kaiserliche Verordnung mit Zustimmung des Bundesraths geregelt.

Die Kosten des Schiedsgerichts, sowie die Kosten des Verfahrens vor demselben trägt die Genossenschaft.

Dem Vorsitzenden des Schiedsgerichts und dessen Stellvertreter darf eine Vergütung von der Genossenschaft nicht gewährt werden.

VI. Feststellung und Auszahlung der Entschädigungen.

Anzeige und Untersuchung der Unfälle.

§ 55.

Von jedem in einem versicherten Betriebe vorkommenden Unfalle, durch welchen eine in demselben beschäftigte Person getödtet wird oder eine Körperverletzung erleidet, welche eine Arbeitsunfähigkeit von mehr als drei Tagen oder den Tod zur Folge hat, ist von dem Betriebsunternehmer bei der Ortspolizeibehörde schriftlich oder mündlich Anzeige zu erstatten.

Dieselbe muß binnen zwei Tagen nach dem Tage erfolgen, an welchem der Betriebsunternehmer von dem Unfalle Kenntniß erlangt hat.

Für den Betriebsunternehmer kann derjenige, welcher zur Zeit des Unfalls den Betrieb oder den Betriebstheil, in welchem sich der Unfall ereignete, zu leiten hatte, die Anzeige erstatten; im Falle der Abwesenheit oder Behinderung des Betriebsunternehmers ist er dazu verpflichtet.

Das Formular für die Anzeige wird vom Reichs-Versicherungsamt festgestellt.

Die Vorstände der unter Reichs- oder Staatsverwaltung stehenden Betriebe haben die im Absatz 1 vorgeschriebene Anzeige der vorgesetzten Dienstbehörde nach näherer Anweisung derselben zu erstatten.

§ 56.

Die Ortspolizeibehörden, im Falle des § 55 Absatz 5 die Betriebsvorstände, haben über die zur Anzeige gelangenden Unfälle ein Unfallverzeichniß zu führen.

§ 57.

Jeder zur Anzeige gelangende Unfall, durch welchen eine versicherte Person getödtet ist oder eine Körperverletzung erlitten hat, die voraussichtlich den Tod oder eine Erwerbsunfähigkeit von mehr als dreizehn Wochen zur Folge haben wird, ist von der Ortspolizeibehörde sobald wie möglich einer Untersuchung zu unterziehen, durch welche festzustellen sind:

1. die Veranlaſſung und Art des Unfalls,
2. die getödteten oder verletzten Perſonen,
3. die Art der vorgekommenen Verletzungen,
4. der Verbleib der verletzten Perſonen,
5. die Hinterbliebenen der durch den Unfall getödteten Perſonen, welche nach § 7 einen Entſchädigungsanſpruch erheben können.

§ 58.

An den Unterſuchungsverhandlungen können theilnehmen: Vertreter der Genoſſenſchaft, der Bevollmächtigte der Krankenkaſſe oder der von der Gemeindebehörde bezeichnete Arbeiter (§ 59), ſowie der Betriebsunternehmer, letzterer entweder in Perſon oder durch einen Vertreter. Zu dieſem Zweck iſt dem Genoſſenſchaftsvorſtande, dem Bevollmächtigten der Krankenkaſſe oder dem von der Gemeindebehörde bezeichneten Arbeiter (§ 59) und dem Betriebsunternehmer vor der Einleitung der Unterſuchung rechtzeitig Kenntniß zu geben. Iſt die Genoſſenſchaft in Sektionen getheilt, oder ſind von der Genoſſenſchaft Vertrauensmänner beſtellt, ſo iſt die Mittheilung von der Einleitung der Unterſuchung an den Sektionsvorſtand beziehungsweiſe an den Vertrauensmann zu richten.

Außerdem ſind, ſoweit thunlich, die ſonſtigen Betheiligten und auf Antrag und Koſten der Genoſſenſchaft Sachverſtändige zuzuziehen.

§ 59.

Die Vorſtände der Krankenkaſſen, welchen mindeſtens zehn in den Betrieben der Genoſſenſchaftsmitglieder beſchäftigte verſicherte Perſonen angehören, wählen alle zwei Jahre aus der Zahl der Kaſſenmitglieder zum Zweck der Theilnahme an den Unfalluntersuchungen (§ 58) für den Bezirk einer oder mehrerer Ortspolizeibehörden je einen Bevollmächtigten und zwei Erſatzmänner, deren Name und Wohnort den betheiligten Ortspolizeibehörden mitzutheilen iſt.

Die dem Vorſtande der Kaſſe angehörenden Vertreter der Arbeitgeber nehmen an der Wahl nicht theil.

Wenn ein in Gemäßheit dieſer Beſtimmungen gewählter Bevollmächtigter oder Erſatzmann nicht vorhanden iſt, ſo bezeichnet die Gemeindebehörde des Ortes, an welchem der Unfall ſich ereignete, auf Erſuchen der für die Unterſuchung zuſtändigen Behörde einen Arbeiter, welcher an den Unterſuchungsverhandlungen theilnehmen kann.

Hierbei ſind die Beſtimmungen des § 49 zu beachten.

§ 60.

Dem Bevollmächtigten der Krankenkaſſe oder dem von der Gemeindebehörde bezeichneten Arbeiter (§ 59), welcher an der Unterſuchung des Unfalls theilgenommen hat, wird nach den durch das Genoſſenſchaftsſtatut zu beſtimmenden Sätzen für den entgangenen Arbeitsverdienſt Erſatz geleiſtet. Die Feſtſetzung erfolgt durch die Ortspolizeibehörde.

Von dem über die Unterſuchung aufgenommenen Protokoll, ſowie von den ſonſtigen Unterſuchungsverhandlungen iſt den Betheiligten auf ihren Antrag Einſicht und gegen Erſtattung der Schreibgebühren Abſchrift zu ertheilen.

§ 61.

Bei den im § 55 Abſatz 5 bezeichneten Betrieben beſtimmt die vorgeſetzte Dienſtbehörde diejenige Behörde, welche die Unterſuchung nach den Beſtimmungen der §§ 57 und 58 vorzunehmen und die Vergütung für den Bevollmächtigten der Krankenkasse oder den von der Gemeindebehörde bezeichneten Arbeiter (§ 59) festzusetzen hat.

Entscheidung der Vorstände.

§ 62.

Die Feststellung der Entschädigungen für die durch Unfall verletzten Versicherten und für die Hinterbliebenen der durch Unfall getödteten Versicherten erfolgt:

1. sofern die Genossenschaft in Sektionen eingetheilt ist, durch den Vorstand der Sektion, wenn es sich handelt

    a) um den Ersatz der Kosten des Heilverfahrens,

    b) um die für die Dauer einer voraussichtlich vorübergehenden Erwerbsunfähigkeit zu gewährende Rente,

    c) um den Ersatz der Beerdigungskosten;

2. in allen übrigen Fällen durch den Vorstand der Genossenschaft.

Das Genossenschaftsstatut kann bestimmen, daß die Feststellung der Entschädigungen in den Fällen der Ziffern 1 und 2 durch einen Ausschuß des Sektionsvorstandes oder durch eine besondere Kommission oder durch örtliche Beauftragte (Vertrauensmänner) und in den Fällen der Ziffer 2 auch durch den Sektionsvorstand oder durch einen Ausschuß des Genossenschaftsvorstandes zu bewirken ist.

Vor der Feststellung der Entschädigung ist dem Entschädigungsberechtigten durch Mittheilung der Unterlagen, auf Grund deren dieselbe zu bemessen ist, Gelegenheit zu geben, sich binnen einer Frist von einer Woche zu äußern.

§ 63.

Sind versicherte Personen in Folge des Unfalls getödtet, so haben die im § 62 bezeichneten Genossenschaftsorgane sofort nach Abschluß der Untersuchung (§§ 57 bis 61) oder, falls der Tod erst später eintritt, sobald sie von demselben Kenntniß erlangt haben, die Feststellung der Entschädigung vorzunehmen.

Sind versicherte Personen in Folge des Unfalls körperlich verletzt, so ist sobald als möglich die ihnen zu gewährende Entschädigung festzustellen.

Für diejenigen verletzten Personen, für welche noch nach Ablauf von dreizehn Wochen eine weitere ärztliche Behandlung behufs Heilung der erlittenen Verletzungen nothwendig ist, hat sich die Feststellung zunächst mindestens auf die bis zur Beendigung des Heilverfahrens zu leistenden Entschädigungen zu erstrecken. Die weitere Entschädigung ist, sofern deren Feststellung früher nicht möglich ist, nach Beendigung des Heilverfahrens unverzüglich zu bewirken.

In den Fällen der Absätze 2 und 3 ist bis zur definitiven Feststellung der Entschädigung noch vor Beendigung des Heilverfahrens vorläufig eine Entschädigung zuzubilligen.

§ 64.

Entschädigungsberechtigte, für welche die Entschädigung nicht von Amtswegen festgestellt ist, haben ihren Entschädigungsanspruch bei Vermeidung des Ausschlusses vor Ablauf von zwei Jahren nach dem Eintritt des Unfalls bei dem zuständigen Vorstande anzumelden.

Nach Ablauf dieser Frist ist der Anmeldung nur dann Folge zu geben, wenn zugleich glaubhaft bescheinigt wird, daß die Folgen des Unfalls erst später bemerk bar geworden sind oder daß der Entschädigungsberechtigte von der Verfolgung seines Anspruchs durch außerhalb seines Willens liegende Verhältnisse abgehalten worden ist.

Wird der angemeldete Entschädigungsanspruch anerkannt, so ist die Höhe der Entschädigung sofort festzustellen; anderenfalls ist der Entschädigungsanspruch durch schriftlichen Bescheid abzulehnen.

Ereignete sich der Unfall, in Folge dessen der Entschädigungsanspruch erhoben wird, in einem Betriebe, dessen Zugehörigkeit zu einer Genossenschaft nicht feststeht, so hat die Anmeldung des Entschädigungsanspruchs bei der unteren Verwaltungs=behörde zu erfolgen, in deren Bezirk der Betrieb belegen ist. Dieselbe hat den Entschädigungsanspruch mittelst Bescheides zurückzuweisen, wenn sie den Betrieb, in welchem der Unfall sich ereignet hat, für nicht unter § 1 fallend erachtet; anderen=falls hat sie die Genossenschaft, welcher der Betrieb angehört, nach Maßgabe der §§ 44 und 45 festzustellen und, nachdem diese Feststellung erfolgt ist, den ange=meldeten Entschädigungsanspruch dem zuständigen Vorstande zur weiteren Veran=lassung zu überweisen, auch dem Entschädigungsberechtigten hiervon schriftlich Nachricht zu geben. Der Genossenschaftsvorstand ist befugt, gegen die von der unteren Ver=waltungsbehörde getroffene Feststellung binnen einer Woche nach der Ueberweisung Widerspruch zu erheben. Sofern dies geschieht, hat die untere Verwaltungsbehörde die Entscheidung des Reichs=Versicherungsamts einzuholen.

§ 65.

Die Mitglieder der Genossenschaften sind verpflichtet, auf Erfordern der Be=hörden und Vorstände (Ausschüsse derselben, besondere Kommissionen, Vertrauens=männer) (§ 62) binnen einer Woche diejenigen Lohn= und Gehaltsnachweisungen zu liefern, welche zur Feststellung der Entschädigung erforderlich sind.

§ 66.

Ueber die Feststellung der Entschädigung hat der Vorstand (Ausschuß, Ver=trauensmann), welcher dieselbe vorgenommen hat, dem Entschädigungsberechtigten einen schriftlichen Bescheid zu ertheilen, aus welchem die Höhe der Entschädigung und die Art ihrer Berechnung zu ersehen ist. Bei Entschädigungen für erwerbs=unfähig gewordene Verletzte ist namentlich anzugeben, in welchem Maaße die Er=werbsunfähigkeit angenommen worden ist.

Berufung gegen die Entscheidung der Behörden und
Genossenschaftsorgane.

§ 67.

Gegen den Bescheid der unteren Verwaltungsbehörde, durch welchen der Ent=schädigungsanspruch aus dem Grunde abgelehnt wird, weil der Betrieb, in welchem der Unfall sich ereignet hat, für nicht unter § 1 fallend erachtet wird (§ 64 Abs. 4), steht dem Verletzten und seinen Hinterbliebenen die Beschwerde an das Reichs=Ver=sicherungsamt zu. Dieselbe ist binnen vier Wochen nach der Zustellung des ab=lehnenden Bescheides bei der unteren Verwaltungsbehörde einzulegen.

Gegen den Bescheid, durch welchen der Entschädigungsanspruch aus einem anderen als dem vorbezeichneten Grunde abgelehnt wird (§ 64 Abs. 3), sowie gegen den Be=

scheid, durch welchen die Entschädigung festgestellt wird (§ 66), findet die Berufung auf schiedsrichterliche Entscheidung statt.

Die Berufung ist bei Vermeidung des Ausschlusses binnen vier Wochen nach der Zustellung des Bescheides bei dem Vorsitzenden desjenigen Schiedsgerichts (§ 51) zu erheben, in dessen Bezirk der Betrieb, in welchem der Unfall sich ereignet hat, belegen ist.

Der Bescheid muß die Bezeichnung der für die Berufung zuständigen Stelle beziehungsweise des Vorsitzenden des Schiedsgerichts, sowie die Belehrung über die einzuhaltenden Fristen enthalten.

Die Berufung hat keine aufschiebende Wirkung.

Entscheidung des Schiedsgerichts. Rekurs an das Reichs-Versicherungsamt

§ 68.

Die Entscheidung des Schiedsgerichts ist dem Berufenden und demjenigen Genossenschaftsorgane, welches den angefochtenen Bescheid erlassen hat, zuzustellen. Gegen die Entscheidung steht in den Fällen des § 62 Ziffer 2 dem Verletzten oder dessen Hinterbliebenen, sowie dem Genossenschaftsvorstande binnen einer Frist von vier Wochen nach der Zustellung der Entscheidung der Rekurs an das Reichs-Versicherungsamt zu. Derselbe hat keine aufschiebende Wirkung.

Bildet in dem Falle des § 7 Ziffer 2 die Anerkennung oder Nichtanerkennung des Rechtsverhältnisses zwischen dem Getödteten und dem die Entschädigung Beanspruchenden die Voraussetzung des Entschädigungsanspruchs, so kann das Schiedsgericht den Betheiligten aufgeben, zuvörderst die Feststellung des betreffenden Rechtsverhältnisses im ordentlichen Rechtswege herbeizuführen. In diesem Falle ist die Klage bei Vermeidung des Ausschlusses des Entschädigungsanspruchs binnen einer vom Schiedsgericht zu bestimmenden, mindestens auf vier Wochen zu bemessenden Frist nach der Zustellung des hierüber ertheilten Bescheides des Schiedsgerichts zu erheben.

Nach erfolgter rechtskräftiger Entscheidung des Gerichts hat das Schiedsgericht auf erneuten Antrag über den Entschädigungsanspruch zu entscheiden.

Berechtigungsausweis.

§ 69.

Nach erfolgter Feststellung der Entschädigung (§ 62) ist dem Berechtigten von Seiten des Genossenschaftsvorstandes eine Bescheinigung über die ihm zustehenden Bezüge unter Angabe der mit der Zahlung beauftragten Postanstalt (§ 74) und der Zahlungstermine auszufertigen.

Wird in Folge des schiedsgerichtlichen Verfahrens der Betrag der Entschädigung geändert, so ist dem Entschädigungsberechtigten ein anderweiter Berechtigungsausweis zu ertheilen.

Veränderung der Verhältnisse.

§ 70.

Tritt in den Verhältnissen, welche für die Feststellung der Entschädigung maßgebend gewesen sind, eine wesentliche Veränderung ein, so kann eine anderweitige Feststellung derselben auf Antrag oder von Amtswegen erfolgen.

Ist der Verletzte, für welchen eine Entschädigung auf Grund des § 6 festgestellt war, in Folge der Verletzung gestorben, so muß der Antrag auf Gewährung einer Entschädigung für die Hinterbliebenen, falls deren Feststellung nicht von Amtswegen erfolgt ist, bei Vermeidung des Ausschlusses, vor Ablauf von zwei Jahren nach dem Tode des Verletzten bei dem zuständigen Vorstande angemeldet werden. Nach Ablauf dieser Frist ist der Anmeldung nur dann Folge zu geben, wenn zugleich glaubhaft bescheinigt wird, daß der Entschädigungsberechtigte von der Verfolgung seines Anspruchs durch außerhalb seines Willens liegende Verhältnisse abgehalten worden ist. Im Uebrigen finden auf das Verfahren die Vorschriften der §§ 62 bis 69 entsprechende Anwendung.

Eine Erhöhung der im § 6 bestimmten Rente kann nur für die Zeit nach Anmeldung des höheren Anspruchs gefordert werden.

Eine Minderung oder Aufhebung der Rente tritt von dem Tage ab in Wirksamkeit, an welchem der dieselbe aussprechende Bescheid (§ 66) den Entschädigungsberechtigten zugestellt ist.

Fälligkeitstermine.

§ 71.

Die Kosten des Heilverfahrens (§ 6 Ziffer 1) und die Kosten der Beerdigung (§ 7 Ziffer 1) sind binnen acht Tagen nach ihrer Feststellung (§ 62) zu zahlen.

Die Entschädigungsrenten der Verletzten und der Hinterbliebenen der Getödteten sind in monatlichen Raten im Voraus zu zahlen. Dieselben werden auf volle fünf Pfennig für den Monat nach oben abgerundet.

Ausländische Entschädigungsberechtigte.

§ 72.

Die Genossenschaft kann Ausländer, welche dauernd das Reichsgebiet verlassen, durch eine Kapitalzahlung für ihren Entschädigungsanspruch abfinden.

Unpfändbarkeit der Entschädigungsforderungen.

§ 73.

Die den Entschädigungsberechtigten auf Grund dieses Gesetzes zustehenden Forderungen können mit rechtlicher Wirkung weder verpfändet, noch auf Dritte übertragen, noch für andere als die im § 749 Absatz 4 der Civilprozeßordnung*) bezeichneten Forderungen der Ehefrau und ehelichen Kinder und die des ersatzberechtigten Armenverbandes gepfändet werden.

Auszahlungen durch die Post.

§ 74.

Die Auszahlung der auf Grund dieses Gesetzes zu leistenden Entschädigungen wird auf Anweisung des Genossenschaftsvorstandes vorschußweise durch die Postverwaltungen, und zwar in der Regel durch diejenige Postanstalt, in deren Bezirk der Entschädigungsberechtigte zur Zeit des Unfalls seinen Wohnsitz hatte, bewirkt.

---

*) § 749 der Civilprozeßordnung lautet:

    Der Pfändung sind nicht unterworfen:

2c.

    4. Die aus Kranken=, Hülfs= oder Sterbekassen, insbesondere aus Knappschaftskassen und Kassen der Knappschaftsvereine zu beziehenden Hebungen.

Verlegt der Entschädigungsberechtigte seinen Wohnsitz, so hat er die Ueberweisung der Auszahlung der ihm zustehenden Entschädigung an die Postanstalt seines neuen Wohnortes bei dem Vorstande, von welchem die Zahlungsanweisung erlassen worden ist, zu beantragen.

Liquidationen der Post.

§ 75.

Binnen acht Wochen nach Ablauf jedes Rechnungsjahres haben die Zentral-Postbehörden den einzelnen Genossenschaftsvorständen Nachweisungen der auf Anweisung der Vorstände geleisteten Zahlungen zuzustellen und gleichzeitig die Postkassen zu bezeichnen, an welche die zu erstattenden Beträge einzuzahlen sind.

Umlage- und Erhebungsverfahren.

§ 76.

Die von den Zentral-Postverwaltungen zur Erstattung liquidirten Beträge sind von dem Genossenschaftsvorstande gleichzeitig mit den Verwaltungskosten und den etwaigen Rücklagen zum Reservefonds unter Berücksichtigung der auf Grund der §§ 40 und 41 etwa vorliegenden Verpflichtungen oder Berechtigungen nach dem festgestellten Vertheilungsmaaßstabe auf die Genossenschaftsmitglieder umzulegen und von denselben einzuziehen.

§ 77.

Erfolgt die Umlegung nach dem Maaßstabe von Steuern (§ 33 Abs. 1), so ist der Berechnung die betreffende Steuer für denjenigen Zeitabschnitt zu Grunde zu legen, für welchen die Umlegung erfolgt.

§ 78.

Werden die Beiträge nach dem Maaßstabe der mit den Betrieben verbundenen Unfallgefahr und der in den Betrieben verwendeten Arbeit umgelegt (§ 33 Abs. 2), so ist die Veranlagung in die Gefahrenklasse (§ 35), im Uebrigen für Arbeiter und versicherte Familienangehörige die Abschätzung der Betriebe (§ 36), für Betriebsbeamte eine besondere jährlich aufzustellende Nachweisung der von denselben thatsächlich bezogenen Löhne und Gehälter (§ 79), für versicherte Betriebsunternehmer deren Jahresarbeitsverdienst (§ 6 Abs. 4) zu Grunde zu legen.

§ 79.

Zu diesem Zweck hat jedes Mitglied der Genossenschaft, welches im Laufe des verflossenen Rechnungsjahres versicherte Betriebsbeamte beschäftigt hat, binnen sechs Wochen nach Ablauf des Rechnungsjahres dem Genossenschaftsvorstande eine Nachweisung desjenigen Betrages einzureichen, welchen jeder Betriebsbeamte im abgelaufenen Rechnungsjahre an Gehalt oder Lohn (§ 3) thatsächlich bezogen hat.

Für Genossenschaftsmitglieder, welche mit der rechtzeitigen Einsendung der Nachweisung im Rückstande sind, erfolgt die Feststellung der letzteren durch den Genossenschafts- beziehungsweise Sektionsvorstand auf Vorschlag des etwa bestellten Vertrauensmannes.

§ 80.

Bei der Berechnung der Beiträge wird in der Art verfahren, daß für jeden Arbeitstag eines Arbeiters oder einer anderen, nach § 2 versicherten Person, welche nicht Betriebsbeamter ist, der dreihundertste Theil des nach § 6 für den Sitz des Betriebes ermittelten durchschnittlichen Jahresarbeitsverdienstes für erwachsene männliche Arbeiter, für jeden versicherten Betriebsunternehmer derselbe Jahresarbeitsverdienst, sofern nicht durch das Statut hiervon abweichende Bestimmungen getroffen sind, sowie für jeden Betriebsbeamten der in dem Betriebe von ihm thatsächlich bezogene Verdienst in Ansatz gebracht wird. Dabei ist der die Höhe von täglich vier Mark, das Jahr zu dreihundert Arbeitstagen gerechnet, übersteigende Betrag des Jahresarbeitsverdienstes nur mit einem Drittheil zur Anrechnung zu bringen.

§ 81.

Auf dieser Grundlage wird von dem Genossenschaftsvorstande der Betrag berechnet, welcher auf jeden Unternehmer zur Deckung des Gesammtbedarfs entfällt, und die Heberolle aufgestellt.

Den Gemeindebehörden sind bezüglich der dem Gemeindebezirke angehörenden Genossenschaftsmitglieder Auszüge aus der Heberolle mit der Aufforderung zuzustellen, die Beiträge einzuziehen und in ganzer Summe binnen vier Wochen an den Genossenschaftsvorstand einzusenden. Die Gemeindebehörden haben hierfür von der Berufsgenossenschaft eine Vergütung zu beanspruchen, deren Höhe von den Landes-Zentralbehörden festzusetzen ist.

Die Gemeinde haftet für diejenigen Beiträge, bei denen sie den wirklichen Ausfall oder die fruchtlos erfolgte Zwangsvollstreckung nicht nachweisen kann, und muß sie vorschußweise mit einsenden.

§ 82.

Der Auszug aus der Heberolle (§ 81) muß diejenigen Angaben enthalten, welche die Zahlungspflichtigen in den Stand setzen, die Richtigkeit der angestellten Beitragsberechnung zu prüfen. Die Gemeindebehörde hat den Auszug während zwei Wochen zur Einsicht der Betheiligten auszulegen und den Beginn dieser Frist auf ortsübliche Weise bekannt zu machen.

Binnen einer weiteren Frist von zwei Wochen kann der Betriebsunternehmer, unbeschadet der Verpflichtung zur vorläufigen Zahlung, gegen die Beitragsberechnung bei dem Genossenschaftsvorstande Einspruch erheben. Durch diesen Einspruch kann die nach §§ 35 und 36 erfolgte Veranlagung und Abschätzung nicht angefochten werden. Auf das weitere Verfahren finden die Vorschriften des § 38 Absatz 3 und 4 entsprechende Anwendung.

Tritt in Folge des erhobenen Widerspruchs oder der erhobenen Beschwerde eine Herabminderung des Beitrags ein, so ist der Ausfall bei dem Umlageverfahren des nächsten Rechnungsjahres zu decken.

§ 83.

Rückständige Beiträge, sowie die im Falle einer Betriebseinstellung etwa zu leistenden Kautionsbeträge (§ 22 Ziffer 8) werden in derselben Weise beigetrieben, wie Gemeindeabgaben. Dasselbe gilt von den Strafzuschlägen in dem Falle der Ablehnung von Wahlen (§ 29 Abs. 3).

Uneinziehbare Beiträge fallen der Gesammtheit der Berufsgenossen zur Last. Sie sind der Gemeinde, welche sie vorgeschossen hat (§ 81 Abs. 3), zu erstatten, vorschußweise aus dem Betriebsfonds oder erforderlichenfalls aus dem Reservefonds der Berufsgenossenschaft zu decken und bei dem Umlageverfahren des nächsten Rechnungsjahres zu berücksichtigen.

Abführung der Beträge an die Postkassen.

§ 84.

Die Genossenschaftsvorstände haben die von den Zentral-Postbehörden liquidirten Beträge innerhalb drei Monaten nach Empfang der Liquidationen an die ihnen bezeichneten Postkassen abzuführen.

Gegen Genossenschaften, welche mit der Erstattung der Beträge im Rückstande bleiben, ist auf Antrag der Zentral-Postbehörden von dem Reichs-Versicherungsamt, vorbehaltlich der Bestimmungen der §§ 14, 113, 114, das Zwangsbeitreibungsverfahren einzuleiten.

Das Reichs-Versicherungsamt ist befugt, zur Deckung der Ansprüche der Postverwaltungen zunächst über bereite Bestände der Genossenschaftskassen zu verfügen. Soweit diese nicht ausreichen, hat dasselbe das Beitreibungsverfahren gegen die Mitglieder der Genossenschaft einzuleiten und bis zur Deckung der Rückstände durchzuführen.

Rechnungsführung.

§ 85.

Die Einnahmen und Ausgaben der Genossenschaften sind von allen den Zwecken der letzteren fremden Vereinnahmungen und Verausgabungen gesondert festzustellen und zu verrechnen; ebenso sind die Bestände gesondert zu verwahren. Verfügbare Gelder dürfen nur in öffentlichen Sparkassen oder wie Gelder bevormundeter Personen angelegt werden.

Sofern besondere gesetzliche Vorschriften über die Anlegung der Gelder Bevormundeter nicht bestehen, kann die Anlegung der verfügbaren Gelder in Schuldverschreibungen, welche von dem Deutschen Reich, von einem deutschen Bundesstaate oder dem Reichslande Elsaß-Lothringen mit gesetzlicher Ermächtigung ausgestellt sind, oder in Schuldverschreibungen, deren Verzinsung von dem Deutschen Reich, von einem deutschen Bundesstaate oder dem Reichslande Elsaß-Lothringen gesetzlich garantirt ist, oder in Schuldverschreibungen, welche von deutschen kommunalen Korporationen (Provinzen, Kreisen, Gemeinden 2c.) oder von deren Kreditanstalten ausgestellt und entweder seitens der Inhaber kündbar sind, oder einer regelmäßigen Amortisation unterliegen, erfolgen. Auch können die Gelder bei der Reichsbank verzinslich angelegt werden.

§ 86.

Ueber die gesammten Rechnungsergebnisse eines Rechnungsjahres ist nach Abschluß desselben alljährlich dem Reichstag eine vom Reichs-Versicherungsamt aufzustellende Nachweisung vorzulegen.

Beginn und Ende des Rechnungsjahres wird für alle Genossenschaften übereinstimmend durch Beschluß des Bundesraths festgestellt.

VII. Unfallverhütung. Ueberwachung der Betriebe durch die Genossenschaften.

Unfallverhütungsvorschriften.

§ 87.

Die Genossenschaften sind befugt, für den Umfang des Genossenschaftsbezirks oder für bestimmt abzugrenzende Theile desselben oder für bestimmte Industriezweige oder Betriebsarten über die von den Mitgliedern zur Verhütung von Unfällen in ihren Betrieben zu treffenden Einrichtungen Vorschriften zu erlassen und darin die Zuwiderhandelnden mit Zuschlägen bis zum doppelten Betrage ihrer Beiträge oder, sofern eine Einschätzung in Gefahrenklassen stattgefunden hat und der Betrieb des Zuwiderhandelnden nicht in der höchsten Gefahrenklasse sich befindet, mit Einschätzung des Betriebes in eine höhere Gefahrenklasse zu bedrohen.

Für die Herstellung der vorgeschriebenen Einrichtungen ist den Mitgliedern eine angemessene Frist zu bewilligen.

Diese Vorschriften bedürfen der Genehmigung des Reichs-Versicherungsamts.

Die genehmigten Vorschriften sind den höheren Verwaltungsbehörden, auf deren Bezirke sie sich erstrecken, durch den Genossenschaftsvorstand mitzutheilen.

Dem Antrage auf Ertheilung der Genehmigung ist die gutachtliche Aeußerung der Vorstände derjenigen Sektionen, für welche die Vorschriften Gültigkeit haben sollen, oder, sofern die Genossenschaft in Sektionen nicht eingetheilt ist, des Genossenschaftsvorstandes beizufügen.

§ 88.

Die Festsetzung von Zuschlägen sowie die höhere Einschätzung (§ 87) erfolgt durch den Vorstand der Genossenschaft. Hiergegen findet binnen zwei Wochen nach der Zustellung die Beschwerde an das Reichs-Versicherungsamt statt.

§ 89.

Die von den Landesbehörden für bestimmte Betriebsarten zur Verhütung von Unfällen zu erlassenden Anordnungen sollen, sofern nicht Gefahr im Verzuge ist, den betheiligten Genossenschaftsvorständen oder Sektionsvorständen zur Begutachtung nach Maßgabe des § 87 vorher mitgetheilt werden.

Ueberwachung der Betriebe.

§ 90.

Die Genossenschaften sind befugt, durch Beauftragte die Befolgung der zur Verhütung von Unfällen erlassenen Vorschriften zu überwachen, von den Einrichtungen der Betriebe, soweit sie für die Zugehörigkeit zur Genossenschaft oder für die Einschätzung in den Gefahrentarif von Bedeutung sind, Kenntniß zu nehmen und behufs Prüfung der von den Betriebsunternehmern auf Grund gesetzlicher oder statutarischer Bestimmungen eingerichteten Arbeiter- und Lohnnachweisungen diejenigen Geschäftsbücher und Listen einzusehen, aus welchen die Zahl der beschäftigten Arbeiter und Beamten und die Beträge der verdienten Löhne und Gehälter ersichtlich werden.

Die Betriebsunternehmer sind verpflichtet, den als solchen legitimirten Beauftragten der betheiligten Genossenschaft auf Erfordern den Zutritt zu ihren Betriebs stätten während der Betriebszeit zu gestatten und die bezeichneten Bücher und Listen an Ort und Stelle zur Einsicht vorzulegen. Sie können hierzu, vorbehaltlich der Bestimmungen des § 91, auf Antrag der Beauftragten von der unteren Verwaltungs- behörde durch Geldstrafen im Betrage bis zu dreihundert Mark angehalten werden.

§ 91.

Befürchtet der Betriebsunternehmer die Verletzung eines Betriebsgeheimnisses oder die Schädigung seiner Geschäftsinteressen in Folge der Besichtigung des Betriebes durch den Beauftragten der Genossenschaft, so kann derselbe die Besichtigung durch andere Sachverständige beanspruchen. In diesem Falle hat er dem Genossenschafts- vorstande, sobald er den Namen des Beauftragten erfährt, eine entsprechende Mit- theilung zu machen und einige geeignete Personen zu bezeichnen, welche auf seine Kosten die erforderliche Einsicht in den Betrieb zu nehmen und dem Vorstande die für die Zwecke der Genossenschaft nothwendige Auskunft über die Betriebseinrich- tungen zu geben bereit sind. In Ermangelung einer Verständigung zwischen dem Betriebsunternehmer und dem Vorstande entscheidet auf Anrufen des letzteren das Reichs-Versicherungsamt.

§ 92.

Die Mitglieder der Vorstände der Genossenschaften, sowie deren Beauftragte (§§ 90 und 91) und die nach § 91 ernannten Sachverständigen haben über die Thatsachen, welche durch die Ueberwachung und Kontrole der Betriebe zu ihrer Kenntniß kommen, Verschwiegenheit zu beobachten und sich der Nachahmung der von den Betriebsunternehmern geheim gehaltenen, zu ihrer Kenntniß gelangten Betriebs- einrichtungen und Betriebsweisen, solange als diese Betriebsgeheimnisse sind, zu ent- halten. Die Beauftragten der Genossenschaften und Sachverständigen sind hierauf von der unteren Verwaltungsbehörde ihres Wohnortes zu beeidigen.

§ 93.

Namen und Wohnsitz der Beauftragten sind von dem Genossenschaftsvorstande den höheren Verwaltungsbehörden, auf deren Bezirke sich ihre Thätigkeit erstreckt, anzuzeigen.

Die Beauftragten sind verpflichtet, den nach Maßgabe des § 139 b der Ge- werbeordnung*) bestellten staatlichen Aufsichtsbeamten auf Erfordern über ihre Ueberwachungsthätigkeit und deren Ergebnisse Mittheilung zu machen, und können

---

*) § 139 b der Gewerbeordnung lautet:

    Die Aufsicht über die Ausführung der Bestimmungen der §§ 135 bis 139 a, (welche über die Verhältnisse der Fabrikarbeiter handeln) sowie des § 120 Absatz 3 (welcher die Gewerbeunternehmer verpflichtet, alle diejenigen Einrichtungen herzustellen und zu unter- halten, welche mit Rücksicht auf die besondere Beschaffenheit des Gewerbebetriebes und der Betriebsstätte zu thunlichster Sicherheit gegen Gefahr für Leben und Gesundheit nothwendig sind.) in seiner Anwendung auf Fabriken ist ausschließlich oder neben den ordentlichen Polizeibehörden besonderen von den Landesregierungen zu ernennenden Beamten zu übertragen. Denselben stehen bei Ausübung dieser Aufsicht alle amtlichen Befugnisse der Ortspolizeibehörden, insbesondere das Recht zur jederzeitigen Revision der Fabriken zu. Sie sind, vorbehaltlich der Anzeige von Gesetzwidrigkeiten, zur Ge- heimhaltung der amtlich zu ihrer Kenntniß gelangenden Geschäfts- und Betriebsver- hältnisse der ihrer Revision unterliegenden Fabriken zu verpflichten.

dazu von dem Reichs-Versicherungsamt durch Geldstrafen bis zu einhundert Mark angehalten werden.

§ 94.

Die durch die Ueberwachung und Kontrole der Betriebe entstehenden Kosten gehören zu den Verwaltungskosten der Genossenschaft. Soweit dieselben in baaren Auslagen bestehen, können sie durch den Vorstand der Genossenschaft dem Betriebsunternehmer auferlegt werden, wenn derselbe durch Nichterfüllung der ihm obliegenden Verpflichtungen zu ihrer Aufwendung Anlaß gegeben hat. Gegen die Auferlegung der Kosten findet binnen zwei Wochen nach Zustellung des Beschlusses die Beschwerde an das Reichs-Versicherungsamt statt. Die Beitreibung derselben erfolgt in derselben Weise, wie die der Gemeindeabgaben.

VIII. Aufsichtsführung.

Reichs-Versicherungsamt.

§ 95.

Die Genossenschaften unterliegen in Bezug auf die Befolgung dieses Gesetzes der Beaufsichtigung des Reichs-Versicherungsamts (§ 87 des Unfallversicherungsgesetzes)*).

Dem Reichs-Versicherungsamt treten vier nichtständige Mitglieder hinzu, von welchen zwei von den Genossenschaftsvorständen aus ihrer Mitte gewählt und zwei als Vertreter der Arbeiter durch den Bundesrath aus den im § 49 Absatz 2 bezeichneten Personen berufen werden.

Diese nichtständigen Mitglieder sind zu denjenigen Verhandlungen des Reichs-Versicherungsamts, bei denen es sich um Angelegenheiten der dem gegenwärtigen Gesetze unterliegenden Genossenschaften handelt, statt der nach § 87 des Unfallversicherungsgesetzes von den Genossenschaftsvorständen und den Vertretern der Arbeiter

---

*) § 87 des Unfallversicherungsgesetzes lautet:

Die Genossenschaften unterliegen in Bezug auf die Befolgung dieses Gesetzes der Beaufsichtigung des Reichs-Versicherungsamts.

Das Reichs-Versicherungsamt hat seinen Sitz in Berlin. Es besteht aus mindestens drei ständigen Mitgliedern, einschließlich des Vorsitzenden, und aus acht nicht ständigen Mitgliedern.

Der Vorsitzende und die übrigen ständigen Mitglieder werden auf Vorschlag des Bundesraths vom Kaiser auf Lebenszeit ernannt. Von den nicht ständigen Mitgliedern werden vier vom Bundesrath aus seiner Mitte, und je zwei mittelst schriftlicher Abstimmung von den Genossenschaftsvorständen und von den Vertretern der versicherten Arbeiter (§ 41) aus ihrer Mitte in getrennter Wahlhandlung unter Leitung des Reichs-Versicherungsamts gewählt. Die Wahl erfolgt nach relativer Stimmenmehrheit; bei Stimmengleichheit entscheidet das Loos. Die Amtsdauer der nicht ständigen Mitglieder währt vier Jahre. Das Stimmenverhältniß der einzelnen Wahlkörper bei der Wahl der nicht ständigen Mitglieder bestimmt der Bundesrath unter Berücksichtigung der Zahl der versicherten Personen.

Für jedes durch die Genossenschaftsvorstände sowie durch die Vertreter der Arbeiter gewählte Mitglied sind ein erster und ein zweiter Stellvertreter zu wählen, welche dasselbe in Behinderungsfällen zu vertreten haben. Scheidet ein solches Mitglied während der Wahlperiode aus, so haben für den Rest derselben die Stellvertreter in der Reihenfolge ihrer Wahl als Mitglied einzutreten.

Die übrigen Beamten des Reichs-Versicherungsamts werden vom Reichskanzler ernannt.

gewählten nichtständigen Mitglieder, und wenn es sich um allgemeine Angelegenheiten handelt, neben diesen Mitgliedern zuzuziehen.

Die Wahl durch die Genossenschaftsvorstände erfolgt mittelst schriftlicher Abstimmung unter Leitung des Reichs-Versicherungsamts nach relativer Stimmenmehrheit; bei Stimmengleichheit entscheidet das Loos. Das Stimmenverhältniß der einzelnen Wahlkörper bestimmt der Bundesrath unter Berücksichtigung der Zahl der versicherten Personen.

Die Amtsdauer der nichtständigen Mitglieder währt vier Jahre. Für jedes nichtständige Mitglied sind ein erster und ein zweiter Stellvertreter zu bestellen, welche dasselbe in Behinderungsfällen zu vertreten haben. Scheidet ein solches Mitglied während seiner Amtsdauer aus, so haben für den Rest derselben die Stellvertreter nach ihrer Reihenfolge als Mitglieder einzutreten.

Zuständigkeit.

§ 96.

Die Aufsicht des Reichs-Versicherungsamts über den Geschäftsbetrieb der Genossenschaften hat sich auf die Beobachtung der gesetzlichen und statutarischen Vorschriften zu erstrecken. Alle Entscheidungen desselben sind endgültig, soweit in diesem Gesetze nicht ein Anderes bestimmt ist.

Das Reichs-Versicherungsamt ist befugt, jederzeit eine Prüfung der Geschäftsführung der Genossenschaften vorzunehmen.

Die Vorstandsmitglieder, Vertrauensmänner und Beamten der Genossenschaften sind auf Erfordern des Reichs-Versicherungsamts zur Vorlegung ihrer Bücher, Beläge und ihrer auf den Inhalt der Bücher bezüglichen Korrespondenzen, sowie der auf die Festsetzungen der Entschädigungen und Jahresbeiträge bezüglichen Schriftstücke an die Beauftragten des Reichs-Versicherungsamts oder an das letztere selbst verpflichtet. Dieselben können hierzu durch Geldstrafen bis zu eintausend Mark angehalten werden.

§ 97.

Das Reichs-Versicherungsamt entscheidet, unbeschadet der Rechte Dritter, über Streitigkeiten, welche sich auf die Rechte und Pflichten der Inhaber der Genossenschaftsämter, auf die Auslegung der Statuten und die Gültigkeit der vollzogenen Wahlen beziehen. Dasselbe kann die Inhaber der Genossenschaftsämter zur Befolgung der gesetzlichen und statutarischen Vorschriften durch Geldstrafen bis zu eintausend Mark anhalten.

Geschäftsgang.

§ 98.

Die Beschlußfassung des Reichs-Versicherungsamts ist durch die Anwesenheit von mindestens fünf Mitgliedern (einschließlich des Vorsitzenden), unter denen sich je ein Vertreter der Genossenschaftsvorstände und der Arbeiter befinden müssen, bedingt, wenn es sich handelt

    a) um die Vorbereitung der Beschlußfassung des Bundesraths bei der Genehmigung von Veränderungen des Bestandes der Genossenschaften (§ 42), bei der Auflösung einer leistungsunfähigen Genossenschaft (§ 14), bei der Bildung von Schiedsgerichten (§ 50);

    b) um die Entscheidung vermögensrechtlicher Streitigkeiten bei Veränderungen des Bestandes der Genossenschaften (§ 43)

c) um die Entscheidung auf Rekurse gegen die Entscheidungen der Schieds=
gerichte (§ 68);

d) um die Genehmigung von Vorschriften zur Verhütung von Unfällen
(§ 87);

e) um die Entscheidung auf Beschwerden gegen Strafverfügungen der Ge=
nossenschaftsvorstände (§ 126).

Solange die Vertreter der Genossenschaftsvorstände nicht gewählt und Vertreter
der Arbeiter nicht berufen sind, genügt die Anwesenheit von fünf anderen Mitgliedern
(einschließlich des Vorsitzenden).

In den Fällen zu b und c erfolgt die Beschlußfassung unter Zuziehung von
zwei richterlichen Beamten.

Im Uebrigen werden die Formen des Verfahrens und der Geschäftsgang des
Reichs=Versicherungsamts durch Kaiserliche Verordnung unter Zustimmung des Bundes=
raths geregelt.

Kosten.

§ 99.

Die Kosten des Reichs=Versicherungsamts und seiner Verwaltung trägt das
Reich.

Die nichtständigen Mitglieder erhalten für die Theilnahme an den Arbeiten und
Sitzungen des Reichs=Versicherungsamts eine nach dem Jahresbetrage festzusetzende
Vergütung, und diejenigen, welche außerhalb Berlin wohnen, außerdem Ersatz der
Kosten der Hin= und Rückreise nach den für die vortragenden Räthe der obersten
Reichsbehörden geltenden Sätzen (Verordnung vom 21. Juni 1875, Reichs=Gesetzbl.
S. 249).*) Die Bestimmungen im § 16 des Gesetzes, betreffend die Rechtsverhältnisse
der Reichsbeamten, vom 31. März 1873 (Reichs=Gesetzbl. S. 61)**) finden auf sie
keine Anwendung.

Landes=Versicherungsämter.

§ 100.

Werden in den einzelnen Bundesstaaten für das Gebiet und auf Kosten der=
selben von den Landesregierungen Landes=Versicherungsämter errichtet (§§ 92, 93
des Unfallversicherungsgesetzes), so finden hinsichtlich der Zusammensetzung derselben
die Bestimmungen des § 95 mit folgenden Maßgaben Anwendung:

1. An der Wahl der aus der Mitte der Genossenschaftsvorstände zu wählen=
den nichtständigen Mitglieder nehmen nur die Vorstände derjenigen Ge=

---

*) 18 Mark Tagegelder, — 13 Pf. für das km Eisenbahn, — 60 Pf. für das km Landweg, —
3 M. für jeden Zu= und Abgang bei Benutzung der Eisenbahn.

**) Der § 16 lautet:

Kein Reichsbeamter darf ohne vorgängige Genehmigung der obersten Reichsbehörde
ein Nebenamt oder eine Nebenbeschäftigung, mit welcher eine fortlaufende Remuneration
verbunden ist, übernehmen, oder ein Gewerbe betreiben Dieselbe Genehmigung ist zu
dem Eintrit eines Reichsbeamten in den Vorstand, Verwaltungs= oder Aufsichtsrath
einer jeden auf Erwerb gerichteten Gesellschaft erforderlich. Sie darf jedoch nicht ertheilt
werden, sofern die Stelle mittelbar oder unmittelbar mit einer Remuneration ver=
bunden ist.

Die ertheilte Genehmigung ist jederzeit widerruflich.

Auf Wahlkonsuln und einstweilen in den Ruhestand versetzte Beamte finden diese
Bestimmungen keine Anwendung.

nossenschaften theil, welche Betriebe, deren Sitz im Gebiete eines anderen Bundesstaates belegen ist, nicht umfassen. Die Wahl erfolgt unter Leitung des Landes-Versicherungsamts. Das Stimmenverhältniß der einzelnen Wahlkörper wird unter Berücksichtigung der Zahl der in den betreffenden Genossenschaften versicherten Personen von der Landesregierung bestimmt. Solange eine Wahl nicht zu Stande gekommen ist, werden Vertreter der Betriebsunternehmer von der Landes-Zentralbehörde ernannt.

2. Die Berufung der Vertreter der Arbeiter erfolgt durch die Landes-Zentralbehörde.

Die den nichtständigen Mitgliedern zu gewährende Vergütung wird durch die Landesregierung geregelt.

§ 101.

Der Beaufsichtigung des Landes-Versicherungsamts unterstehen diejenigen Berufsgenossenschaften, welche nur solche Betriebe umfassen, deren Sitz im Gebiete des betreffenden Bundesstaates belegen ist. In den Angelegenheiten dieser Berufsgenossenschaften gehen die in den §§ 14, 24, 32, 34, 35, 38, 39, 41, 43, 46, 48, 64, 67, 68, 82, 84, 87, 88, 91, 93, 94, 96, 97, 107, 126 dem Reichs-Versicherungsamt übertragenen Zuständigkeiten auf das Landes-Versicherungsamt über.

Soweit jedoch in den Fällen der §§ 38, 41, 43, 46, 48, 64, 67, 68 eine der Aufsicht eines anderen Landes-Versicherungsamts oder des Reichs-Versicherungsamts unterstellte Berufsgenossenschaft mitbetheiligt ist, entscheidet das Reichs-Versicherungsamt.

Unter den gleichen Voraussetzungen ist das Reichs-Versicherungsamt zuständig für Entscheidungen auf Grund der §§ 30, 32, 37, 38, 62, 63 des Unfallversicherungsgesetzes.

Das Landes-Versicherungsamt hat in derartigen Fällen (Abs. 2 und 3) die Akten an das Reichs-Versicherungsamt zur Entscheidung abzugeben.

Treten für eine der im Absatz 1 genannten, der Aufsicht eines Landes-Versicherungsamts unterstellten Berufsgenossenschaften die Voraussetzungen des § 14 ein, so gehen die Rechtsansprüche und Verpflichtungen auf den betreffenden Bundesstaat über.

Die Beschlußfassung des Landes-Versicherungsamts in den im § 98 unter b bis e bezeichneten Angelegenheiten ist durch die Anwesenheit von drei ständigen und zwei nichtständigen Mitgliedern bedingt, zu welchen in den Fällen zu b und c außerdem zwei richterliche Beamte zuzuziehen sind.

IX. Reichs- und Staatsbetriebe.

Reichs- und Staatsbetriebe.

§ 102.

Für Betriebe, welche für Rechnung des Reichs oder eines Bundesstaates verwaltet werden, tritt bei Anwendung dieses Gesetzes an die Stelle der Berufsgenossenschaft das Reich beziehungsweise der Staat. Die Befugnisse und Obliegenheiten der Genossenschaftsversammlung und des Genossenschaftsvorstandes werden durch Ausführungsbehörden wahrgenommen, welche für die Heeresverwaltungen von der obersten Militärverwaltungsbehörde des Kontingents, im Uebrigen für die Reichsverwaltungen vom Reichskanzler, für die Landesverwaltungen von der Landes-Zentralbehörde zu bezeichnen sind. Dem Reichs-Versicherungsamt ist mitzutheilen, welche Behörden als Ausführungsbehörden bezeichnet worden sind.

§ 103.

Soweit das Reich beziehungsweise der Staat in Gemäßheit des § 102 an die Stelle der Berufsgenossenschaft tritt, finden die §§ 13 bis 42, 44 bis 48, 64 Absatz 4, 65, 67 Absatz 1, 76 bis 83, 84 Absatz 2 und 3, 85, 87, 88 bis 94, 95 Absatz 1, 96, 97, 98 Absatz 1 lit. a, d, e, 123 bis 128 keine Anwendung.

§ 104.

Die Erstreckung der Versicherungspflicht auf Betriebsbeamte mit einem zweitausend Mark übersteigenden Jahresarbeisverdienste (§ 2 Abs. 2) kann durch die Ausführungsvorschriften erfolgen, soweit diese Beamten nicht nach § 4 von der Anwendung dieses Gesetzes ausgeschlossen sind.

Den Ausführungsvorschriften bleibt auch die Bestimmung überlassen, ob und inwieweit die Renten nach Maßgabe des § 9 in Naturalleistungen gewährt werden sollen.

§ 105.

Für den Bezirk jeder Ausführungsbehörde ist mindestens ein Schiedsgericht (§ 50) zu errichten. Die im § 51 Absatz 3 bezeichneten Beisitzer werden von der Ausführungsbehörde ernannt.

Das Regulativ (§ 51 Absatz 4 und 5) wird durch die für den Erlaß der Ausführungsvorschriften zuständige Behörde erlassen. In demselben sind die Sätze für die den Vertretern der Arbeiter zu gewährende Vergütung (§§ 53 Abs. 2 und 60) festzustellen.

§ 106

Die Feststellung der Entschädigungen (§ 62) erfolgt durch die in den Ausführungsvorschriften zu bezeichnende Behörde.

§ 107.

Gegen den Bescheid der zuständigen Behörde, durch welchen ein Entschädigungsanspruch aus dem Grunde abgelehnt wird, weil der Betrieb, in welchem der Unfall sich ereignet hat, für nicht unter § 1 fallend erachtet wird, steht dem Verletzten und seinen Hinterbliebenen die Beschwerde an das Reichs-Versicherungsamt zu. Die Beschwerde ist bei demselben binnen vier Wochen nach der Zustellung des ablehnenden Bescheides einzulegen.

§ 108.

Die zur Durchführung der Bestimmungen der §§ 102 bis 107 erforderlichen Ausführungsvorschriften werden für die Heeresverwaltungen von der obersten Militärverwaltungsbehörde des Kontingents, im Uebrigen für die Reichsverwaltungen vom Reichskanzler, für die Landesverwaltungen von der Landes-Zentralbehörde erlassen.

§ 109.

Die Bestimmungen der §§ 102 bis 108 finden auf Betriebe der im § 102 bezeichneten Art keine Anwendung, insoweit die Reichs- beziehungsweise Landesregierung vor der Bildung der Berufsgenossenschaften für den betreffenden Bezirk erklärt, daß solche Betriebe den Berufsgenossenschaften angehören sollen.

X. Landesgesetzliche Regelung.

Landesgesetzliche Regelung.

§ 110.

Die Landesgesetzgebung ist befugt, die Abgrenzung der Berufsgenossenschaften, deren Organisation und Verwaltung, das Verfahren bei Betriebsveränderungen, den Maaßstab für die Umlegung der Beiträge und das Verfahren bei deren Umlegung und Erhebung, abweichend von den Bestimmungen der §§ 18, 20 bis 25, 26 Absatz 1, 2 Ziffer 3, Absatz 3 und 4, 27 bis 41, 46, 47, 48 Absatz 1, 76 bis 83 zu regeln, sowie abweichend von den Bestimmungen dieses Gesetzes die Organe bezeichnen, durch welche die Verwaltung der Berufsgenossenschaften geführt wird und die in diesem Gesetze den Vorständen der letzteren übertragenen Befugnisse und Obliegenheiten wahrgenommen werden.

§ 111.

Macht die Landesgesetzgebung von der Befugniß des § 110 Gebrauch, so hat dieselbe

1. über die Befugniß zur Ablehnung des Amts eines Beisitzers des Schiedsgerichts und über die diesen Beisitzern zu gewährenden Vergütungen (§ 53 Abs. 2),
2. über die Vertretung der Berufsgenossenschaften bei den Untersuchungsverhandlungen (§ 58),
3. über den dem Bevollmächtigten der Krankenkasse oder dem von der Gemeindebehörde bezeichneten Arbeiter zu gewährenden Ersatz für entgangenen Arbeitsverdienst (§ 60),
4. über das Organ, bei welchem der Entschädigungsanspruch anzumelden ist (§ 64) und welches die Entschädigung festzustellen und hierüber den Bescheid zu ertheilen hat (§§ 62, 66),
5. über die Rechnungsführung der Berufsgenossenschaften (§ 85),

sowie darüber Bestimmung zu treffen,

6. welche Personen außer den in Gemäßheit der §§ 90 und 91 ernannten Beauftragten und Sachverständigen den Bestimmungen der §§ 127 und 128 unterliegen.

§ 112.

Bei Abänderung des Bestandes von Berufsgenossenschaften (§ 42) tritt, falls nur solche Betriebe betheiligt sind, deren Sitz im Gebiete desselben Bundesstaates belegen ist, an die Stelle des Bundesraths die Zentralbehörde dieses Bundesstaates, sofern derselbe von der Befugniß des § 110 Gebrauch gemacht hat.

§ 113.

Die Auflösung einer Berufsgenossenschaft wegen Leistungsunfähigkeit (§ 14) und die Zutheilung der zu derselben gehörigen Betriebe zu anderen Berufsgenossenschaften erfolgt durch die Landes-Zentralbehörde, wenn die aufzulösende Berufsgenossenschaft auf Grund landesgesetzlicher Bestimmungen (§ 110) gebildet ist und diejenigen Berufsgenossenschaften, welchen Betriebe der aufgelösten Berufsgenossenschaft zugetheilt werden sollen, nur solche Betriebe umfassen, deren Sitz im Gebiete des betreffenden Bundesstaates belegen ist.

In diesem Falle gehen die Rechtsansprüche und Verpflichtungen der aufgelösten Genossenschaft auf diesen Bundesstaat über.

§ 114.

Die Bundesstaaten sind berechtigt, ihr Gebiet oder Theile desselben der Berufsgenossenschaft eines anderen Bundesstaates, welcher von der im § 110 eingeräumten Befugniß Gebrauch gemacht hat, mit dessen Zustimmung anzuschließen. In diesem Falle gelten für die Berufsgenossenschaft die landesgesetzlichen Bestimmungen desjenigen Bundesstaates, an welchen der Anschluß erfolgt ist, falls aber auch der anschließende Bundesstaat von der Befugniß des § 110 Gebrauch gemacht hat, die Bestimmungen desjenigen Bundesstaates, in welchem sich der Sitz der Berufsgenossenschaft befindet. Der Sitz der Berufsgenossenschaft ist im letzteren Falle durch Vereinbarung der Landesregierungen zu bestimmen. Wird eine derartige Berufsgenossenschaft durch den Bundesrath wegen Leistungsunfähigkeit aufgelöst (§ 14), so gehen deren Rechtsansprüche und Verpflichtungen nach dem Maaßstabe der im letzten Rechnungsjahre gezahlten Beiträge auf die betheiligten Bundesstaaten über.

Kommt eine Einigung nicht zu Stande, so entscheidet auf Anrufen der Bundesrath.

§ 115.

Die im § 110 eingeräumte Befugniß erlischt, soweit in einem Bundesstaate innerhalb zwei Jahren nach dem Tage der Verkündung dieses Gesetzes landesgesetzliche Bestimmungen nicht erlassen sind oder innerhalb eines weiteren Jahres die Organisation nicht durchgeführt ist.

Der Bundesrath kann diese Fristen auf Ansuchen um je ein Jahr verlängern.

Die im § 114 eingeräumte Berechtigung dauert solange, als nicht der Bundesrath das betreffende Gebiet gemäß § 18 einer Berufsgenossenschaft angeschlossen hat.

XI. Schluß- und Strafbestimmungen.

Haftpflicht der Betriebsunternehmer und Betriebsbeamten.

§ 116.

Die nach Maßgabe dieses Gesetzes versicherten Personen und deren Hinterbliebene können einen Anspruch auf Ersatz des in Folge eines Unfalls erlittenen Schadens nur gegen diejenigen Betriebsunternehmer, Bevollmächtigten oder Repräsentanten, Betriebs- oder Arbeiteraufseher geltend machen, gegen welche durch strafgerichtliches Urtheil festgestellt worden ist, daß sie den Unfall vorsätzlich herbeigeführt haben.

In diesem Falle beschränkt sich der Anspruch auf den Betrag, um welchen die den Berechtigten nach den bestehenden gesetzlichen Vorschriften gebührende Entschädigung diejenige übersteigt, auf welche sie nach diesem Gesetze Anspruch haben.

Die auf landesgesetzlichen Bestimmungen beruhenden Ansprüche eines Verletzten auf Ersatz des in Folge des Unfalls erlittenen Schadens für die Dauer der ersten dreizehn Wochen nach dem Unfalle bleiben vorbehalten, wenn nicht durch die Landesgesetzgebung oder durch statutarische Bestimmung eine den Vorschriften der §§ 6 und 7 des Krankenversicherungsgesetzes vom 15. Juni 1883 (Reichs-Gesetzbl. S. 73)*) beziehungsweise der §§ 137 ff. dieses Gesetzes mindestens gleichkommende Fürsorge für den Verletzten und seine Angehörigen getroffen ist oder der Verletzte auf Grund des § 136 dieses Gesetzes von der Krankenversicherungspflicht befreit ist.

§ 117.

Diejenigen Betriebsunternehmer, Bevollmächtigten oder Repräsentanten, Betriebs- oder Arbeiteraufseher, gegen welche durch strafgerichtliches Urtheil festgestellt worden ist, daß sie den Unfall vorsätzlich oder durch Fahrlässigkeit mit Außerachtlassung derjenigen Aufmerksamkeit, zu der sie vermöge ihres Amtes, Berufes oder Gewerbes besonders verpflichtet sind, herbeigeführt haben, haften für alle Aufwendungen, welche in Folge des Unfalls auf Grund dieses Gesetzes oder des Gesetzes, betreffend die Krankenversicherung der Arbeiter, vom 15. Juni 1883 (Reichs-Gesetzbl. S. 73) von den Genossenschaften, Gemeinden (§ 10 Abs. 1) oder Krankenkassen gemacht worden sind.

In gleicher Weise haftet als Betriebsunternehmer eine Aktiengesellschaft, eine Innung oder eingetragene Genossenschaft für die durch ein Mitglied ihres Vorstandes, sowie eine Handelsgesellschaft, eine Innung oder eingetragene Genossenschaft für die durch einen der Liquidatoren herbeigeführten Unfälle.

Als Ersatz für die Rente kann in diesen Fällen deren Kapitalwerth gefordert werden.

Der Anspruch verjährt in achtzehn Monaten von dem Tage, an welchem das strafrechtliche Urtheil rechtskräftig geworden ist.

---

*) Die §§ 6 und 7 des Krankenversicherungsgesetzes lauten:

§ 6. Als Krankenunterstützung ist zu gewähren:

1. vom Beginn der Krankheit ab freie ärztliche Behandlung, Arznei, sowie Brillen, Bruchbänder und ähnliche Heilmittel;

2. im Falle der Erwerbsunfähigkeit, vom dritten Tage nach dem Tage der Erkrankung ab für jeden Arbeitstag ein Krankengeld in Höhe der Hälfte des ortsüblichen Tagelohns gewöhnlicher Tagearbeiter.

Die Krankenunterstützung endet spätestens mit dem Ablauf der dreizehnten Woche nach Beginn der Krankheit.

Die Gemeinden sind ermächtigt, zu beschließen, daß bei Krankheiten, welche die Betheiligten sich vorsätzlich oder durch schuldhafte Betheiligung bei Schlägereien oder Raufhändeln, durch Trunkfälligkeit oder geschlechtliche Ausschweifungen zugezogen haben, das Krankengeld gar nicht oder nur theilweise gewährt wird, sowie daß Personen, welche der Versicherungspflicht nicht unterliegen und freiwillig der Gemeinde-Krankenversicherung beitreten, erst nach Ablauf einer auf höchstens sechs Wochen vom Beitritte ab zu bemessenden Frist Krankenunterstützung erhalten.

Das Krankengeld ist wöchentlich postnumerando zu zahlen.

§ 7. An Stelle der in § 6 vorgeschriebenen Leistungen kann freie Kur und Verpflegung in einem Krankenhause gewährt werden, und zwar:

1. für diejenigen, welche verheirathet oder Glieder einer Familie sind, mit ihrer Zustimmung, oder unabhängig von derselben, wenn die Art der Krankheit Anforderungen an die Behandlung oder Verpflegung stellt, welchen in der Familie des Erkrankten nicht genügt werden kann,

2. für sonstige Erkrankte unbedingt.

Hat der in einem Krankenhause Untergebrachte Angehörige, deren Unterhalt er bisher aus seinem Arbeitsverdienste bestritten hat, so ist neben der freien Kur und Verpflegung die Hälfte des in § 6 festgesetzten Krankengeldes zu leisten.

§ 118.

Die in den §§ 116 und 117 bezeichneten Ansprüche können, auch ohne daß die daselbst vorgesehene Feststellung durch strafgerichtliches Urtheil stattgefunden hat, geltend gemacht werden, falls diese Feststellung wegen des Todes oder der Abwesenheit des Betreffenden oder aus einem anderen in der Person desselben liegenden Grunde nicht erfolgen kann.

Haftung Dritter.

§ 119.

Die Haftung dritter, in den §§ 116 und 117 nicht bezeichneter Personen, welche den Unfall vorsätzlich herbeigeführt oder durch Verschulden verursacht haben, bestimmt sich nach den bestehenden gesetzlichen Vorschriften. Jedoch geht die Forderung der Entschädigungsberechtigten an den Dritten auf die Genossenschaft insoweit über, als die Verpflichtung der letzteren zur Entschädigung durch dieses Gesetz begründet ist.

Verbot vertragsmäßiger Beschränkungen.

§ 120.

Den Berufsgenossenschaften sowie den Betriebsunternehmern ist untersagt, die Anwendung der Bestimmungen dieses Gesetzes zum Nachtheil der Versicherten durch Verträge (mittelst Reglements oder besonderer Uebereinkunft) auszuschließen oder zu beschränken. Vertragsbestimmungen, welche diesem Verbote zuwiderlaufen, haben keine rechtliche Wirkung.

Rechtshülfe.

§ 121.

Die öffentlichen Behörden sind verpflichtet, den im Vollzuge dieses Gesetzes an sie ergehenden Ersuchen des Reichs-Versicherungsamts, anderer öffentlicher Behörden, sowie der Genossenschafts- und Sektionsvorstände und der Schiedsgerichte zu entsprechen und den bezeichneten Vorständen auch unaufgefordert alle Mittheilungen zukommen zu lassen, welche für den Geschäftsbetrieb der Genossenschaften von Wichtigkeit sind. Die gleiche Verpflichtung liegt den Organen der Genossenschaften untereinander ob.

Die durch die Erfüllung dieser Verpflichtungen entstehenden Kosten sind von den Genossenschaften als eigene Verwaltungskosten (§ 15) insoweit zu erstatten, als sie in Tagegeldern und Reisekosten von Beamten oder Genossenschaftsorganen, sowie in Gebühren für Zeugen und Sachverständige oder in sonstigen baaren Auslagen bestehen.

Gebühren- und Stempelfreiheit.

§ 122.

Alle zur Begründung und Abwickelung der Rechtsverhältnisse zwischen den Berufsgenossenschaften einerseits und den Versicherten andererseits erforderlichen schiedsgerichtlichen und außergerichtlichen Verhandlungen und Urkunden sind gebühren- und stempelfrei. Dasselbe gilt für die behufs Vertretung von Berufsgenossen ausgestellten privatschriftlichen Vollmachten und für die im § 12 bezeichneten Streitigkeiten.

Strafbestimmungen.

§ 123.

Betriebsunternehmer können von dem Genossenschaftsvorstande mit Ordnungs=
strafen bis zu fünfhundert Mark belegt werden, wenn die von ihnen in Gemäßheit
der §§ 34 Absatz 2, 37 Absatz 2, 39 ertheilte Auskunft oder die in Gemäßheit der
§§ 47, 48 erstattete Anzeige oder Anmeldung, imgleichen wenn die von ihnen in
Gemäßheit der §§ 65, 79 eingereichten Lohn= oder Gehaltsnachweisungen thatsächliche
Angaben enthalten, deren Unrichtigkeit ihnen bekannt war oder bei Anwendung ange=
messener Sorgfalt nicht entgehen konnte.

§ 124.

Betriebsunternehmer, welche der ihnen obliegenden Verpflichtung zur Ertheilung
von Auskunft in den Fällen der §§ 37 Absatz 2, 39, zur Anzeige oder Anmeldung
in den Fällen der §§ 47, 48, zur Einreichung der Lohn= oder Gehaltsnachweisungen
in den Fällen der §§ 65, 79, oder zur Erfüllung der für Betriebseinstellungen
gegebenen statutarischen Vorschriften (§ 22 Ziffer 8) nicht rechtzeitig nachkommen,
können von dem Genossenschaftsvorstande mit Ordnungsstrafe bis zu dreihundert
Mark belegt werden.

Die gleiche Strafe kann, wenn die Anzeige eines Unfalls nicht rechtzeitig in
Gemäßheit des § 56 erfolgt ist, gegen denjenigen verhängt werden, welcher zu der
Anzeige verpflichtet war.

§ 125.

Die Strafvorschriften der §§ 123 und 124 finden auch gegen die gesetzlichen
Vertreter handlungsunfähiger Betriebsunternehmer, desgleichen gegen die Mitglieder
des Vorstandes einer Aktiengesellschaft, Innung oder eingetragenen Genossenschaft,
sowie gegen die Liquidatoren einer Handelsgesellschaft, Innung oder eingetragenen
Genossenschaft Anwendung.

§ 126.

Zur Verhängung der in den §§ 123 bis 125 angedrohten Strafen ist der
Vorstand derjenigen Genossenschaft zuständig, zu welcher der Betriebsunternehmer
gehört.

Gegen die Strafverfügung des Genossenschaftsvorstandes steht den Betheiligten
binnen zwei Wochen von deren Zustellung an die Beschwerde an das Reichs=Ver=
sicherungsamt zu.

Die Strafen fließen in die Genossenschaftskasse.

§ 127.

Die Mitglieder der Vorstände der Genossenschaften und die Mitglieder der Ge=
nossenschaftsausschüsse zur Entscheidung über Beschwerden (§ 22 Ziffer 3), imgleichen
die in Gemäßheit der §§ 90 und 91 ernannten Beauftragten und Sachverständigen
werden, wenn sie unbefugt Betriebsgeheimnisse offenbaren, welche Kraft ihres Amtes
oder Auftrages zu ihrer Kenntniß gelangt sind, mit Geldstrafe bis zu eintausend=
fünfhundert Mark oder mit Gefängniß bis zu drei Monaten bestraft.

Die Verfolgung tritt nur auf Antrag des Betriebsunternehmers ein.

§ 128.

Die im § 127 bezeichneten Personen werden mit Gefängniß, neben welchen auf Verlust der bürgerlichen Ehrenrechte erkannt werden kann, bestraft, wenn sie absichtlich zum Nachtheile der Betriebsunternehmer Betriebsgeheimnisse, welche kraft ihres Amtes oder Auftrages zu ihrer Kenntniß gelangt sind, offenbaren, oder geheim gehaltene Betriebseinrichtungen oder Betriebsweisen, welche kraft ihres Amtes oder Auftrages zu ihrer Kenntniß gelangt sind, solange als diese Betriebsgeheimnisse sind, nachahmen.

Thun sie dies, um sich oder einem Anderen einen Vermögensvortheil zu verschaffen, so kann neben der Gefängnißstrafe auf Geldstrafe bis zu dreitausend Mark erkannt werden.

Zuständige Landesbehörden. Verwaltungsexekution.

§ 129.

Die Zentralbehörden der Bundesstaaten bestimmen, von welchen Staatsbehörden, Gemeindevertretungen oder, wo solche nicht bestehen, Gemeindebehörden die in diesem Gesetze den höheren Verwaltungsbehörden, den unteren Verwaltungsbehörden, den Ortspolizeibehörden, den Gemeindebehörden und den Vertretungen der Gemeinden und weiteren Kommunalverbände zugewiesenen Verrichtungen wahrzunehmen sind, imgleichen zu welchen Kassen die in den §§ 34 Absatz 2, 90 Absatz 2, 93 Absatz 2 vorgesehenen Strafen fließen.

Die von den Zentralbehörden der Bundesstaaten in Gemäßheit vorstehender Vorschrift erlassenen Bestimmungen sind durch den Deutschen Reichs-Anzeiger bekannt zu machen.

§ 130.

Geldstrafen, welche auf Grund dieses Gesetzes verhängt werden, mit Ausnahme derjenigen, auf welche von den Gerichten erkannt ist, werden in derselben Weise beigetrieben, wie Gemeindeabgaben.

§ 131.

Die in diesem Gesetze für Gemeinden getroffenen Bestimmungen gelten auch für die einem Gemeindeverbande nicht einverleibten selbstständigen Gutsbezirke und Gemarkungen. Soweit aus denselben der Gemeinde oder Gemeindebehörde Rechte und Pflichten erwachsen, tritt an ihre Stelle der Gutsherr oder der Gemarkungsberechtigte.

Zustellungen.

§ 132.

Zustellungen, welche den Lauf von Fristen bedingen, erfolgen durch die Post mittelst eingeschriebenen Briefes. Der Beweis der Zustellung kann auch durch behördliche Beglaubigung geführt werden.

B. Krankenversicherung.

§ 133.

Werden durch die Landesgesetzgebung in der Land- oder Forstwirthschaft gegen Gehalt oder Lohn beschäftigte Personen in der Krankenversicherungspflicht nach Maßgabe des Krankenversicherungsgesetzes vom 15. Juni 1883 (Reichs-Gesetzbl. S. 73) unterworfen, so findet letzteres Gesetz mit den aus den §§ 134 bis 142 dieses Ge-

feßes sich ergebenden Aenderungen Anwendung. Dasselbe gilt, wenn durch statuta=
rische Bestimmungen auf Grund des § 2 des Krankenversicherungsgesetzes*) die
Anwendung der Vorschriften des § 1 des letzteren**) auf solche Personen erstreckt
wird.

§ 134.

Der Beschäftigungsort land= und forstwirthschaftlicher Arbeiter und der Sitz
des Betriebes bestimmt sich nach den Vorschriften der §§ 10 und 44 dieses Gesetzes.

Gemeinden oder weitere Kommunalverbände können bei dem Erlasse statutarischer
Bestimmungen über die Krankenversicherung land= und forstwirthschaftlicher Arbeiter
beschließen, daß diese Bestimmungen auch auf außerhalb des Kommunalbezirks liegende
Theile solcher Betriebe sich erstrecken sollen, deren Sitz innerhalb des Bezirks der
Gemeinde oder des weiteren Kommunalverbandes belegen ist.

---

*) § 2 des Krankenversicherungsgesetzes lautet:

Durch statutarische Bestimmung einer Gemeinde für ihren Bezirk oder eines weiteren
Kommunalverbandes für seinen Bezirk oder Theile desselben, kann die Anwendung der
Vorschriften des § 1 erstreckt werden:

1. auf diejenigen in § 1 bezeichneten Personen, deren Beschäftigung ihrer Natur
nach eine vorübergehende oder durch den Arbeitsvertrag im voraus auf einen Zeit=
raum von weniger als einer Woche beschränkt ist,

2. auf Handlungs=Gehülfen und =Lehrlinge, Gehülfen und Lehrlinge in Apotheken,

3. auf Personen, welche in anderen als den in § 1 bezeichneten Transportge=
werben beschäftigt werden,

4. auf Personen, welche von Gewerbetreibenden außerhalb ihrer Betriebsstätten
beschäftigt werden,

5. auf selbstständige Gewerbetreibende, welche in eigenen Betriebsstätten im
Auftrage und für Rechnung anderer Gewerbetreibender mit der Herstellung oder Be=
arbeitung gewerblicher Erzeugnisse beschäftigt werden (Hausindustrie),

6. auf die in der Land= und Forstwirthschaft beschäftigten Arbeiter.

Die auf Grund dieser Vorschrift ergehenden statutarischen Bestimmungen müssen
neben genauer Bezeichnung derjenigen Klassen von Personen, auf welche die Anwendung
der Vorschriften des § 1 erstreckt werden soll, Bestimmungen über die Verpflichtung zur
An= und Abmeldung, sowie über die Verpflichtung zur Einzahlung der Beiträge enthalten.

Sie bedürfen der Genehmigung der höheren Verwaltungsbehörde und sind in der
für Bekanntmachungen der Gemeindebehörden vorgeschriebenen oder üblichen Form zu
veröffentlichen.

**) § 1 des Krankenversicherungsgesetzes lautet:

Personen, welche gegen Gehalt oder Lohn beschäftigt sind:

1. in Bergwerken, Salinen, Aufbereitungsanstalten, Brüchen und Gruben, in
Fabriken und Hüttenwerken, beim Eisenbahn= und Binnendampfschifffahrtsbetriebe,
auf Werften und bei Bauten,

2. im Handwerk und in sonstigen stehenden Gewerbebetrieben,

3. in Betrieben, in denen Dampfkessel oder durch elementare Kraft (Wind,
Wasser, Dampf, Gas, heiße Luft 2c) bewegte Triebwerke zur Verwendung kommen,
sofern diese Verwendung nicht ausschließlich in vorübergehender Benutzung einer
nicht zur Betriebsanlage gehörenden Kraftmaschine besteht,

sind mit Ausnahme der im § 3 unter Ziffer 2—6 aufgeführten Personen, sofern nicht
die Beschäftigung ihrer Natur nach eine vorübergehende oder durch den Arbeits=Vertrag
im voraus auf einen Zeitraum von weniger als einer Woche beschränkt ist, nach Maßgabe
der Vorschriften dieses Gesetzes gegen Krankheit zu versichern.

Betriebsbeamte unterliegen der Versicherungspflicht nur, wenn ihr Arbeitsverdienst
an Lohn oder Gehalt sechszweidrittel Mark für den Arbeitstag nicht übersteigt.

Als Gehalt oder Lohn im Sinne dieses Gesetzes gelten auch Tantiemen und Natural=
bezüge. Der Werth der letzteren ist nach Ortsdurchschnittspreisen in Ansatz zu bringen.

§ 135.

Die Bestimmung des § 20 Absatz 1 Ziffer 2 des Krankenversicherungsgesetzes*) findet nur auf verheirathete Wöchnerinnen oder solche Wittwen Anwendung, deren Entbindung nach dem Tode des Ehemannes innerhalb des nach den Landesgesetzen für die Vermuthung der ehelichen Geburt maßgebenden Zeitraumes erfolgt.

§ 136.

Personen, welche erweislich mindestens für dreizehn Wochen nach der Erkrankung dem Arbeitgeber gegenüber einen Rechtsanspruch auf eine den Bestimmungen des § 6 des Krankenversicherungsgesetzes**) entsprechende oder gleichwerthige Unterstützung haben, sind auf den Antrag des Arbeitgebers von der Versicherungspflicht zu befreien, sofern die Leistungsfähigkeit desselben genügend gesichert ist.

Ueber den Antrag entscheidet die Verwaltung der Gemeindekrankenversicherung oder der Vorstand der Krankenkasse, welcher die zu befreiende Person angehören würde. Wird die Leistungsfähigkeit des Arbeitgebers beanstandet, so ist der Antrag an die Aufsichtsbehörde zur Entscheidung abzugeben.

Die Entscheidung über den Befreiungsantrag ist den Betheiligten zu eröffnen und vorläufig vollstreckbar. Gegen dieselbe steht jedem Betheiligten binnen zwei Wochen die Beschwerde an die vorgesetzte Aufsichtsbehörde zu.

Die Befreiung gilt für die Dauer des Arbeitsvertrages. Sie hört vor Beendigung desselben auf:

1. wenn dies von der im Absatz 2 bezeichneten Aufsichtsbehörde wegen nicht genügender Leistungsfähigkeit des Arbeitgebers — sei es von Amtswegen, sei es auf Vorschlag der Verwaltung der Gemeindekrankenversicherung oder des Vorstandes der Krankenkasse — angeordnet wird,
2. wenn der Arbeitgeber die befreite Person zur Krankenversicherung anmeldet. Die Anmeldung ist im Falle einer zur Zeit derselben bereits eingetretenen Erkrankung ohne rechtliche Wirkung.

Insoweit einer nach Absatz 1 befreiten Person im Falle der Erkrankung von dem Arbeitgeber eine den Bestimmungen des § 6 des Krankenversicherungsgesetzes**) entsprechende oder gleichwerthige Unterstützung nicht gewährt wird, ist dieselbe auf Antrag von der betreffenden Gemeindekrankenversicherung oder Krankenkasse zu gewähren. Die hiernach gemachten Aufwendungen sind von dem Arbeitgeber zu ersetzen.

Streitigkeiten über Unterstützungsansprüche, welche gegen die Gemeindekrankenversicherung oder Krankenkasse auf Grund des vorstehenden Absatzes entstehen, werden nach Maßgabe des § 12 Absatz 1, Streitigkeiten über Ersatzansprüche zwischen der Gemeindekrankenversicherung oder Krankenkasse einerseits und dem Arbeitgeber andererseits nach Maßgabe des § 12 Absatz 2 dieses Gesetzes entschieden.

---

*) § 20 Absatz 1 Ziffer 2 des Krankenversicherungsgesetzes lautet:
    Die Orts-Krankenkassen sollen mindestens gewähren:
        eine gleiche Unterstützung an Wöchnerinnen auf die Dauer von drei Wochen nach ihrer Niederkunft; nach Ziffer 1 l. c. eine Krankenunterstützung, weche so zu bemessen ist, daß der durchschnittliche Tagelohn derjenigen Klassen der Versicherten, für welche die Kasse errichtet wird, soweit er drei Mark für den Arbeitstag nicht überschreitet, an die Stelle des ortsüblichen Tagelohns gewöhnlicher Tagearbeiter tritt.
**) S. die Note zu § 116.

§ 137.

Für versicherungspflichtige Personen, welche erweislich auf Grund eines mindestens für die Dauer eines Jahres abgeschlossenen Arbeitsvertrages

1. jährliche Naturalleistungen mindestens im dreihundertfachen Werthe des von der Gemeindekrankenversicherung beziehungsweise Krankenkasse für einen Krankentag zu zahlenden Krankengeldes beziehen, oder für den Krankentag einen Arbeitslohn an Geld oder Naturalleistungen erhalten, welcher dem von der Gemeindekrankenversicherung beziehungsweise Krankenkasse zu zahlenden täglichen Krankengelde mindestens gleichkommt, und

2. auf Fortgewährung dieser Leistungen, innerhalb der Geltungsdauer des Arbeitsvertrages, für mindestens dreizehn Wochen nach der Erkrankung einen Rechtsanspruch haben,

tritt auf Antrag des Arbeitgebers während der Geltungsdauer des Arbeitsvertrages eine Ermäßigung der Versicherungsbeiträge ein, wogegen das Krankengeld in Wegfall kommt.

Die Ermäßigung der Beiträge erfolgt in demselben Verhältnisse, in welchem die Höhe des Krankengeldes zu dem Werthe der sonstigen Kassenleistungen steht. Dies Verhältniß ist durch statutarische Bestimmung festzustellen, welche für die Gemeindekrankenversicherung von der Gemeinde, für die gemeinsame Gemeindekrankenversicherung (§ 12 des Krankenversicherungsgesetzes)*) durch den weiteren Kommunalverband, für Orts- und Betriebskrankenkassen durch das Kassenstatut zu treffen ist. Die statutarischen Bestimmungen der Gemeinden und weiteren Kommunalverbände bedürfen der Genehmigung der höheren Verwaltungsbehörde; auf die Festsetzung durch das Kassenstatut findet § 24 des Krankenversicherungsgesetzes**) Anwendung. Wo weitere Kommunalverbände nicht bestehen, erfolgt die Festsetzung für die ge-

---

*) § 12 lautet:

Mehrere Gemeinden können sich durch übereinstimmende Beschlüsse zu gemeinsamer Gemeinde-Krankenversicherung vereinigen.

Durch Beschluß eines weiteren Kommunalverbandes kann dieser für die Gemeinde-Krankenversicherung an die Stelle der demselben angehörenden einzelnen Gemeinden gesetzt oder die Vereinigung mehrerer ihm angehörender Gemeinden zu gemeinsamer Gemeinde-Krankenversicherung angeordnet werden.

Wo weitere Kommunalverbände nicht bestehen, kann die Vereinigung mehrerer benachbarter Gemeinden zu gemeinsamer Gemeinde-Krankenversicherung durch Verfügung der höheren Verwaltungsbehörde angeordnet werden.

Derartige Beschlüsse und Verfügungen müssen über die Verwaltung der gemeinsamen Gemeinde-Krankenversicherung Bestimmung treffen.

Die Beschlüsse bedürfen der Genehmigung der höheren Verwaltungsbehörde; gegen die Verfügung der letzteren, durch welche die Genehmigung versagt oder ertheilt oder die Vereinigung mehrerer Gemeinden angeordnet wird, steht den betheiligten Gemeinden und Kommunalverbänden innerhalb vier Wochen die Beschwerde an die Zentralbehörde zu.

**) § 24 lautet:

Das Kassenstatut bedarf der Genehmigung der höheren Verwaltungsbehörde. Bescheid ist innerhalb sechs Wochen zu ertheilen. Die Genehmigung darf nur versagt werden, wenn das Statut den Anforderungen dieses Gesetzes nicht genügt. Wird die Genehmigung versagt, so sind die Gründe mitzutheilen. Der versagende Bescheid kann im Wege des Verwaltungsstreitverfahrens, wo ein solches nicht besteht, im Wege des Rekurses nach Maßgabe der Vorschriften der §§ 20, 21 der Gewerbeordnung angefochten werden.

Abänderungen des Statuts unterliegen der gleichen Vorschrift.

meinsame Gemeindekrankenversicherung durch die höhere Verwaltungsbehörde. Solange eine endgültige Festsetzung dieses Beitragsverhältnisses nicht erfolgt ist, wird
für die nach Absatz 1 versicherten Personen der dritte Theil der für andere Kassen-
mitglieder geltenden Beiträge entrichtet.

Soweit die im Absatz 1 Ziffer 1 bezeichneten Leistungen im Falle der Erkrankung von dem Arbeitgeber nicht in Gemäßheit des Arbeitsvertrages, auf Grund
dessen die Ermäßigung der Beiträge erfolgt ist, gewährt werden, ist dem Erkrankten
auf Antrag das Krankengeld von der Gemeindekrankenversicherung oder Krankenkasse zu zahlen und derselben von dem Arbeitgeber zu ersetzen. Streitigkeiten über
solche Ersatzansprüche werden nach Maßgabe des § 12 Absatz 2 dieses Gesetzes
entschieden.

§ 138.

Durch statutarische Bestimmung (§ 137 Abs. 2) kann eine entsprechende Kürzung
des Krankengeldes und der Beiträge auch für solche Versicherten angeordnet werden,
welche in Krankheitsfällen auf Grund ihres Arbeitsvertrages weniger als die im
§ 137 Absatz 1 festgesetzten Geld- oder Naturalleistungen beziehen. Die Kürzung
muß dem Verhältnisse entsprechen, in welchem der Werth dieser Leistungen zu der
Höhe des Krankengeldes steht. Im Uebrigen finden die Bestimmungen des § 137
auch auf Fälle dieser Art Anwendung.

§ 139.

Soweit es sich nicht um die unter § 2 Absatz 1 Ziffer 1 des Krankenversicherungsgesetzes fallenden Arbeiter handelt (s. die Note auf S. 235), finden die Bestimmungen
des § 54 des gedachten Gesetzes keine Anwendung.

Die Zahlung der Beiträge erfolgt auch für die nach § 137 und 138 versicherten Personen nach den Bestimmungen der §§ 51 bis 53 des Krankenversicherungsgesetzes.

§ 140.

Der Werth der Naturalbezüge wird nach Durchschnittspreisen von der unteren
Verwaltungsbehörde festgesetzt.

§ 141.

Die auf Grund der §§ 2, 49 bis 52 Absatz 1, 53, 54 des Krankenversicherungsgesetzes *) erlassenen statutarischen Bestimmungen sind, soweit sie den vorstehenden
Vorschriften zuwiderlaufen, bis zum 1. Januar 1887 mit denselben in Ueber-

---

*) Die §§ 49—54 des Krankenversicherungsgesetzes lauten:

§ 49. Die Arbeitgeber haben jede von ihnen beschäftigte versicherungspflichtige
Person, für welche die Gemeinde-Krankenversicherung eintritt, oder welche einer Orts-
Krankenkasse angehört, spätestens am dritten Tage nach Beginn der Beschäftigung anzumelden und spätestens am dritten Tage nach Beendigung des Arbeitsverhältnisses
wieder abzumelden.

Die Anmeldungen und Abmeldungen erfolgen für die Gemeinde-Krankenversicherung
bei der Gemeindebehörde oder einer von dieser zu bestimmenden Meldestelle, für die
Orts-Krankenkassen bei den durch das Statut bestimmten Stellen.

Die Aufsichtsbehörde kann eine gemeinsame Meldestelle für die Gemeinde-Krankenversicherung und sämmtliche Orts-Krankenkassen eines Bezirks errichten. Die Kosten
derselben sind von der Gemeinde und den Orts-Krankenkassen nach Maßgabe der Zahl
der im Jahresdurchschnitt bei ihnen versicherten Personen zu bestreiten.

§ 50. Arbeitgeber, welche ihrer Anmeldepflicht nicht genügen, sind verpflichtet, alle
Aufwendungen zu erstatten, welche die Gemeinde-Krankenversicherung oder eine Orts-

einstimmung zu bringen. Soweit dies nicht geschieht, kann die Landes=Zentral=behörde nach Ablauf dieser Frist solche statutarischen Bestimmungen ganz oder theil=weise außer Kraft setzen.

Der § 3 Absatz 2 des Krankenversicherungsgesetzes findet auf die unter § 1 des gegenwärtigen Gesetzes fallenden Personen keine Anwendung.

§ 142.

Durch statutarische Bestimmung einer Gemeinde für ihren Bezirk oder eines weiteren Kommunalverbandes für seinen Bezirk oder Theile desselben können Per=sonen, welche innerhalb des betreffenden Bezirks wohnen und, ohne zu einem be=stimmten Arbeitgeber in einem dauernden Arbeitsverhältnisse zu stehen, vorwiegend in land= oder forstwirthschaftlichen Betrieben dieses Bezirks gegen Lohn beschäftigt sind, auch für diejenige Zeit, in welcher eine Beschäftigung gegen Lohn nicht statt=findet, der Krankenversicherungspflicht unterworfen und, solange sie nicht zu einer die Versicherungspflicht begründenden Beschäftigung in einem anderen Erwerbszweige übergehen oder Mitglieder einer Betriebskrankenkasse werden, in diesem Bezirke zur Versicherung herangezogen werden.

Die nach solcher statutarischen Bestimmung versicherungspflichtigen Personen sind der Gemeindekrankenversicherung oder Ortskrankenkasse, welcher die sonstigen versicherungspflichtigen land= und forstwirthschaftlichen Arbeiter angehören, durch die Gemeindebehörde zu überweisen. Ihre Versicherung beginnt mit dem Tage ihrer Ueberweisung.

Die Ueberweisung ist zurückzunehmen, wenn die Voraussetzungen ihrer Zu=lässigkeit aufhören.

<hr>

Krankenkasse auf Grund gesetzlicher oder statutarischer Vorschrift zur Unterstützung einer vor der Anmeldung erkrankten Person gemacht haben.

§ 51. Die Arbeitgeber sind verpflichtet, die Beiträge, welche nach gesetzlicher oder statutarischer Vorschrift für die von ihnen beschäftigten Personen zur Gemeinde=Kranken=versicherung oder zu einer Orts=Krankenkasse zu entrichten sind, im voraus, und zwar für die erstere, sofern nicht durch Gemeindebeschluß andere Zahlungstermine festgesetzt sind, wöchentlich, für die letztere zu den durch Statut festgesetzten Zahlungsterminen ein=zuzahlen. Die Beiträge sind so lange fortzuzahlen, bis die vorschriftsmäßige Abmeldung (§ 49) erfolgt ist, und für den betreffenden Zeittheil zurückzuerstatten, wenn die abge=meldete Person innerhalb der Zahlungsperiode aus der bisherigen Versicherung ausscheidet.

§ 52. Die Arbeitgeber haben ein Drittel der Beiträge, welche auf die von ihnen beschäftigten versicherungspflichtigen Personen entfallen, aus eigenen Mitteln zu leisten.

Durch statutarische Regelung (§ 2) kann bestimmt werden, daß Arbeitgeber, in deren Betrieben Dampfkessel oder durch elementare Kraft bewegte Triebwerke nicht verwendet und mehr als zwei dem Krankenversicherungszwange unterliegende Personen nicht be=schäftigt werden, von der Verpflichtung zur Leistung von Beiträgen aus eigenen Mitteln befreit sind.

§ 53. Die Arbeitgeber sind berechtigt, den von ihnen beschäftigten Personen die Beiträge, welche sie für dieselben einzahlen, soweit sie solche nicht nach § 52 aus eigenen Mitteln zu leisten haben, bei jeder regelmäßigen Lohnzahlung in Abzug zu bringen, soweit sie auf diese Lohnzahlungsperiode antheilsweise entfallen.

Auf Streitigkeiten zwischen dem Arbeitgeber und den von ihm beschäftigten Personen über die Berechnung und Anrechnung der von diesen zu leistenden Beiträge findet § 120a der Gewerbeordnung Anwendung.

§ 54. Ob und inwieweit die Vorschriften der §§ 49 bis 53 auf die Arbeitgeber der im § 2 unter 1 bis 6 bezeichneten Personen Anwendung finden, ist durch statutarische Bestimmung zu regeln; dieselbe bedarf der Genehmigung der höheren Verwaltungsbehörde

Die Ueberweisung, sowie der die Zurücknahme derselben ablehnende Bescheid kann nach Maßgabe des § 12 Absatz 2 dieses Gesetzes angefochten werden.

Ob und inwieweit die Vorschriften der §§ 49 bis 53 des Krankenversicherungsgesetzes (s. die Note auf S. 238 und 239) auf die Arbeitgeber dieser Personen Anwendung finden, ist durch statutarische Bestimmung zu regeln.

Solange solche Personen nach Maßgabe des Absatzes 1 in dem Bezirke ihres Wohnortes gegen Krankheit versichert sind, fällt ihre Verpflichtung zum Beitritt zu einer anderen Kasseneinrichtung für land= oder forstwirthschaftliche Arbeiter fort.

Die nach Absatz 1 und 5 zulässigen statutarischen Vorschriften bedürfen der Genehmigung der höheren Verwaltungsbehörde.

C. Gesetzeskraft.

§ 143.

Die Bestimmungen der Abschnitte A II, III, IV, V, VIII und X, die auf diese Abschnitte bezüglichen Strafbestimmungen, sowie diejenigen Vorschriften, welche zur Durchführung der in diesen Abschnitten getroffenen Anordnungen dienen, treten mit dem Tage der Verkündung dieses Gesetzes in Kraft. Dasselbe gilt von den Bestimmungen des Abschnittes B.

Im Uebrigen wird der Zeitpunkt, mit welchem das Gesetz ganz oder theilweise für den Umfang des Reichs oder Theile desselben in Kraft tritt, mit Zustimmung des Bundesraths durch Kaiserliche Verordnung bestimmt.

Urkundlich unter Unserer Höchsteigenhändigen Unterschrift und beigedrucktem Kaiserlichen Insiegel.

Gegeben Berlin, den 5. Mai 1886.

(L. S.)
Wilhelm.
Fürst von Bismarck.

45.

Bekanntmachung der Mitglieder des Verwaltungsraths des Brandversicherungs=Vereins Preußischer Forstbeamten für die Wahlperiode 1886/89.

Berlin, den 21. Juni 1886.

Gemäß § 36 der Statuten unseres Vereins bringen wir zur öffentlichen Kenntniß, daß von der 6. ordentlichen General=Versammlung am 20. v. M. die nach § 25 der Statuten ausgeschiedenen Mitglieder des Verwaltungsraths, nämlich die Herren Oberforstmeister von Alvensleben zu Potsdam, Forstmeister von Stünzner daselbst und Förster Wirth zu Eichkamp für die Wahlperiode 1886/89 wiedergewählt worden sind.

Direktorium
des Brandversicherungs=Vereins Preußischer Forstbeamten.

Donner.

Etatswesen und Statistik.

46.

Aenderung in der Titelbezeichnung des Staatshaushalts-Etats durch Einschaltung des Titels „Beiträge zur gesetzlichen Krankenversicherung der Arbeiter bei der Forst-Verwaltung."

Circ.-Verfg. des Ministers für Landwirthschaft ꝛc. an sämmtliche Königliche Regierungen (excl. Sigmaringen). III. 4069.

Berlin, den 8. April 1886.

Die Titelbezeichnung in dem Staatshaushalts-Etat von der Forstverwaltung pro 1. April 1886/87 hat bei Kapitel 4 der Ausgabe insofern eine Aenderung erfahren, als hinter Titel 2a gesetzliche Wittwen und Waisengelder

unter 2b der Titel „Beiträge zur gesetzlichen Krankenversicherung der Arbeiter bei der Forst-Verwaltung"

eingeschaltet worden ist. Dies ist in den Kassenbüchern, Abschlüssen und Rechnungen ꝛc. zu beachten.

Der Fond „zur Ablösung von Forst-Servituten, Reallasten und Passivrenten" ist in demselben Etat unter Abtheilung B. Einmalige und außerordentliche Ausgaben unter Kapitel 12 Titel 1 verzeichnet.

Der Minister für Landwirthschaft, Domänen und Forsten.
Lucius.

Forst- und Jagdschutz und Strafwesen.
Forst- und Jagdrecht.

47.

Widerstand eines Waldarbeiters gegen den Forstbeamten als Arbeitsgeber.

Urtheil des Reichsgerichts (I. Straff.) vom 1. November 1881.

Der von einem Forstbeamten gemiethete Waldarbeiter, welcher dem ihm als Arbeitsgeber gegenüberstehenden Beamten durch Gewalt Widerstand leistet, ist **nicht** strafbar aus § 117 des Str.-G.-B.

Auch in andern Entscheidungen hat das Reichsgericht angenommen, daß der Schutz des § 117 Str.-G.-B. den Forst- und Jagdbeamten den Forst- und Jagdberechtigten nur dann zu Theil wird, wenn diese Personen den Widerstand erfahren bei ihrer Berufsthätigkeit, bei Ausübung des Forst- und Jagdschutzes, bei der Vornahme von Handlungen zur Wahrung ihres Rechts gegen unbefugte Eingriffe Dritter oder in Ausübung polizeilicher Befugnisse.

(Cf. die Urtheile vom 29. Mai 1880 und vom 21. Oktober 1884 Jahrbuch XIII. S. 102. XVII S. 123).

Im vorliegenden Falle hatte der Forstbeamte bei Beaufsichtigung mehrerer von ihm angenommener Arbeiter Einen derselben aufgefordert, die Arbeit und den Wald zu verlassen und dabei Widerstand durch Bedrohung mit einer Axt erfahren.

(Entsch. des Reichsgerichts in Strafsachen Bd. V S. 413). R.

48.

Irrthum über die Jagdbarkeit eines Thiers beim Jagdvergehen.

Urtheil des Reichsgerichts (III Straff.) vom 3. März 1884.

Zum Thatbestande der unbefugten Jagdausübung gehört nicht allein als Object ein jagdbares Thier, sondern auch das Bewußtsein des Thäters, daß das Thier, gegen welches sich seine Handlung richtet, ein jagdbares ist. Befindet er sich über die Eigenschaft der Jagdbarkeit im Irrthum, so wird dadurch die Strafbarkeit ausgeschlossen, jedoch nur dann, wenn er sich auch nicht der Möglichkeit, daß das Thier jagdbar sei, bewußt war.

Zwei Feldarbeiter hatten einen vorüberlaufenden Dachs verfolgt und erschlagen. Der Dachs war am Ort der That jagdbar, die Thäter waren dort nicht jagdberechtigt. Sie wurden wegen Jagdvergehens aus § 292 Str.-G.-B. angeklagt, jedoch in erster Instanz freigesprochen, weil nicht festgestellt sei, daß sie die Eigenschaft des Dachses als jagdbares Thier gekannt, ja nicht einmal, daß sie gewußt hätten, das verfolgte Thier sei ein Dachs.

Das Reichsgericht tritt zwar der Annahme bei, daß zum Thatbestande des unbefugten Jagens auch das Bewußtsein des Thäters von der Jagdbarkeit des Thiers gehöre, nimmt jedoch an, daß dieses Bewußtsein — als dolus eventualis — auch dann vorliege, wenn der Thäter im Zweifel über die Jagdbarkeit sei. Es wird ausgeführt: Nach § 59 Str.-G.-B. sind dem, welcher bei Begehung einer strafbaren Handlung das Vorhandensein von Thatumständen nicht kannte, die zum gesetzlichen Thatbestande gehören oder die Strafbarkeit erhöhen, diese Umstände nicht zuzurechnen. Der gesetzliche Thatbestand im Sinne des § 59 a. a. O. besteht nun aber nicht bloß aus den im Strafgesetze ausdrücklich hervorgehobenen Merkmalen, sondern aus allen thatsächlichen Momenten, welche für den Begriff der betreffenden strafbaren Handlung in objectiver und subjectiver Hinsicht wesentlich sind. Eine wesentliche Voraussetzung für den Begriff der unbefugten Jagdausübung nach § 292 a. a. O. ist, daß die That sich gegen einen Gegenstand richtet, welcher zu den jagdbaren Thieren d. h. zu denen gehört, welche dem ausschließlichen Okkupationsrechte des Jagdberechtigten unterliegen, nicht Gegenstand des freien Thierfanges sind. Die Frage, auf welche wilde Thiere das Jagdrecht sich erstreckt, ist nach dem Landesrechte, also nach besonderen Gesetzen, Jagdordnungen oder bestehenden Gewohnheiten zu entscheiden; sie ist eine civilrechtliche. Irrt der Handelnde in dieser Hinsicht, so befindet er sich nicht in einem das Strafgesetz betreffenden, sondern in einem Irrthum über Grundsätze des bürgerlichen Rechts, welcher dem thatsächlichen gleichsteht. Es fehlt dann der für den Thatbestand der in Rede stehenden strafbaren Handlung nöthige Wille, das Bewußtsein, das Okkupationsrecht des Jagdberechtigten zu verletzen, der Dolus.

Es ist indessen bei vorsätzlichen Delicten nicht das positive Wissen aller Merkmale erforderlich, welche den Thatbestand des Vergehens bilden; es genügt, wenn der Thäter über das Vorhandensein eines Thatbestandsmerkmals auch nur Zweifel hegte und dennoch auf die Gefahr hin, eine strafbare That zu begehen, handelte. Der § 59 Abs. 1 kommt nur dem zu statten, welcher sich hinsichtlich des Vorhandenseins eines zum Thatbestande gehörigen Umstandes wirklich in einem thatsächlichen Irrthum oder in einem diesen gleichstehenden Rechtsirrthum befunden, nicht aber denjenigen, welcher einen solchen Thatumstand zwar nicht bestimmt in seinen Willen auf-

genommen hat, aber doch bei der That sich der Möglichkeit des Vorhandenseins desselben bewußt war und unbekümmert darum, wie es sich hiermit verhalten möchte,
die That beging. Denn in solchem Falle lag der als möglich vorausgesetzte, eventuell
im Voraus gebilligte Erfolg mit in dem Willen des Thäters.

Das Reichsgericht verweist die Sache sodann zur Prüfung dieses vom ersten
Richter noch nicht erwogenen Gesichtspunktes des dolus eventualis in die Instanz
zurück. —

(Entsch. des Reichsgerichts in Strafsachen. Bd. X. S. 235).   R.

49.

Forstreferendare als Forstschutzbeamte.

Urtheil des Reichsgerichts (III. Straff.) vom 21./23. Dezember 1885.

**Preußische Forstreferendare sind zur Ausübung des Forstschutzes
in ihrer Dienststellung nur dann berechtigt und verpflichtet, wenn sie
zu dieser Ausübung, wie zum Beispiel durch Absolvirung des praktischen Försterkursus besonders berufen sind.**

In den Gründen ist Folgendes ausgeführt: Nicht jeder Forstbeamte ist als
solcher kraft seines Amtes zur Uebung des Forstschutzes berufen, insbesondere ist
dies bei einem Forstreferendar nicht anzunehmen. Der Zweck der Zulassung dieser
Beamten zum Vorbereitungsdienst bei den Königl. Regierungen ist deren Ausbildung
für den höheren Forstdienst. Bestimmte Functionen sind mit dieser Dienststellung
als solcher nicht verbunden. Für den Umfang der dienstlichen Berechtigungen und
Verpflichtungen solcher im Vorbereitungsdienst befindlichen Beamten wird vielmehr
der specielle Dienstzweig maaßgebend sein, in welchem sie zur Erlangung umfassender
Vorbildung für den künftigen Dienst auf Anordnung ihres Vorgesetzten grade verwendet werden. So lange der Forstreferendar bei der Forstdirectionsbehörde selbst
beschäftigt ist, kann davon, daß er hiermit zur Uebung des Forstschutzes berufen sei,
nach der Natur der Verhältnisse nicht die Rede sein. Wird er dagegen, wie es hier
hinsichtlich des Forstreferendar Sch. der Fall gewesen, zeitweilig zur praktischen
Dienstleistung bei einer Forstrevierverwaltung delegirt, dann kommt es für die
Frage, ob er zur Uebung des ihm auf Grund seiner Dienststellung an sich nicht obliegenden Forstschutzes berufen ist, auf den Inhalt des speciellen, seine Beschäftigung
im Reviere betreffenden Auftrags an. Nach den hierüber getroffenen Feststellungen
ist der Forstreferendar Sch. der Oberförsterei S. ausschließlich zur Beihülfe bei den
dort stattfindenden Betriebsregulirungsarbeiten, also zu einem Geschäfte beigegeben,
welches mit dem Forstschutze im Forstreviere nichts zu thun hatte. Durch Uebertragung dieser Kommission ist er daher zum Forstschutzbeamten nicht geworden.
Auch ist der Umstand gleichgültig, daß er in einem frühern Stadium seiner dienstlichen Laufbahn, insbesondere während der Absolvirung des praktischen Försterkursus,
zur Uebung des Forstschutzes berufen gewesen ist. (Vgl. §§ 15, 18, 20 der Bestimmungen über Ausbildung und Prüfung für den Königl. Forstverwaltungsdienst
vom 30. Juni 1874.)*) Denn mit der Beendigung seiner Verwendung im praktischen
Dienste des Reviers ist auch die allein aus dieser Dienststellung fließende Berechtigung
und Verpflichtung zum Forstschutze weggefallen.

(Entsch. des Reichsgerichts in Strafsachen Bd. 13 S. 215.)   R.

---

*) Jetzt § 21 der Bestimmungen ꝛc. vom 1. August 1883.

50.

Haussuchung nach Forstdiebstahlswerkzeugen durch Privatforstbeamte.

Urtheil des Reichsgerichts (IV. Straff.) vom 29. Januar 1886.

Ein beeidigter Privatforstaufseher befindet sich nicht in der rechtmäßigen Ausübung seines Amts oder Rechtes, wenn er eine Durchsuchung der Wohnung des Forstdiebes vornimmt, um die zur Begehung des Forstdiebstahls geeigneten Werkzeuge in Beschlag zu nehmen.

Es ist ausgeführt: Nach § 16 des Forstdiebstahlsgesetzes ist zwar im Falle, daß der Thäter bei Ausführung eines Forstdiebstahls oder gleich nach derselben betroffen oder verfolgt wird, jede zum Forstschutze berechtigte Person die zur Begehung des Forstdiebstahls geeigneten Werkzeuge, welche der Thäter bei sich führt, in Beschlag zu nehmen verpflichtet und danach auch berechtigt.*) Diese Berechtigung schließt jedoch nicht die Befugniß zur Anordnung von Durchsuchungen in sich. Zwar ist die Durchsuchung gemäß § 103 Str.-Pr.-O. ein gesetzliches Mittel zur Realisirung der Beschlagnahme bestimmter Gegenstände, aber ein Mittel, dessen Benutzung von gewissen im Gesetze bezeichneten Bedingungen abhängig ist. Wie der § 98 a. a. O. das Recht zur Anordnung von Beschlagnahmen, so weist der § 105 a. a. O. noch besonders das Recht zur Anordnung von Haussuchungen grundsätzlich dem Richter und bei Gefahr im Verzug daneben nur der Staatsanwaltschaft und denjenigen Polizei- und Sicherheitsbeamten zu, welche als Hülfsbeamte der Staatsanwaltschaft den Anordnungen derselben Folge zu leisten haben. An diesen Kompetenzbestimmungen hat § 16 F.-D.-G. nach seinem deutlichen Wortlaut in Betreff der Durchsuchungen nichts geändert. Er verleiht den zum Forstschutze berechtigten Personen das Recht zur Beschlagnahme der Werkzeuge nur soweit, als sich die Beschlagnahme ohne Zuhülfenahme einer Haussuchung ausführen läßt.

(Entsch. des Reichsgerichts in Strafsachen Bd. 13 S. 270.)   R.

51.

Begriff des Jagens. Widerstand gegen einen Privatjagdaufseher.

Urtheil des Reichsgerichts (IV. Straff.) vom 29. Januar 1886.

1. In dem „sich auf dem Anstande befinden" kann der Thatbestand der Jagdausübung gefunden werden.

2. Ein zum Jagdschutz bestellter Privataufseher befindet sich in der rechtmäßigen Ausübung seines Rechts, wenn er den in seinem Schutzbezirk betroffenen persönlich nicht bekannten Jagdfrevler vorläufig festnimmt und der Behörde vorführt. Auch der außerhalb des Schutzbezirks während des Transports geleistete gewaltsame Widerstand ist strafbar nach § 117 Str.-G.-B.

Aus der Begründung ist hervorzuheben:

Zu 1. Der Begriff der „Ausübung der Jagd" umfasse nicht allein die unmittelbare Handlung der Occupation des Wildes, sondern auch alle sonstigen Hand-

---

*) Vgl. Urtheil des Reichsgerichts vom 20. November 1884, Jahrbuch Bd. XVII S. 125.

lungen, durch welche Jemand dasselbe aufsucht oder ihm nachstellt, um es zu erlegen. Im vorliegenden Falle habe der Angeklagte mit einem geladenen und gespannten Gewehre sich auf fremdem Jagdterrain an einem festen Standorte aufgestellt, um das etwa vorbeiziehende Wild mit seinem Gewehr zu erlegen. Darin sei eine Jagdausübung zu finden und es sei nicht der Nachweis erforderlich, daß thatsächlich jagdbares Wild an Ort und Stelle gewesen sei und von dem Jagenden habe gesehen und getroffen werden können.*)

Zu 2. Der von dem Dominium K. mit dem Jagdschutz betraute Jäger T. habe in seinem Schutzrevier den Angeklagten bei der unbefugten Jagdausübung betroffen. Er sei demnach berechtigt gewesen, den Angeklagten, welcher ihm unbekannt war, Behufs Feststellung der Persönlichkeit und Herbeiführung der Strafverfolgung vorläufig festzunehmen. In Verfolg der Festnahme sei er nicht allein berechtigt, sondern nach §§ 127, 128 Str.-Pr.-O. sogar verpflichtet gewesen, den Festgenommenen unverzüglich der Behörde vorzuführen. Diese Vorführung habe also innerhalb der rechtmäßigen Ausübung des Rechts gelegen, wenngleich ein Theil der Strecke, auf welcher der Angeklagte transportirt sei, nicht mehr zu dem Aufsichtsbezirk des Jägers T. gehört habe. Danach sei der auf dem Transport außerhalb des Aufsichtsbezirks geleistete Widerstand als gegen die rechtmäßige Ausübung des Rechts des T. gerichtet anzusehen und nach § 117 Str.-G.-B. zu strafen.

(Rechtsprechung 2c. Bd. VIII S. 102.)   R.

———

52.

Beschlagnahme von Diebstahlswerkzeugen beim Forstdiebstahl. Haussuchung nach den Werkzeugen.

Urtheil des Reichsgerichts (IV. Straff.) vom 29. Januar 1886.

Jede zum Forstschutz berechtigte Person ist nach § 16 des Preußischem Forstdiebstahlsgesetzes verpflichtet und demgemäß auch berechtigt, die zur Begehung des Forstdiebstahls geeigneten Werkzeuge, welche der bei Ausübung des Diebstahls oder gleich nach derselben betroffene oder verfolgte Thäter bei sich führt, in Beschlag zu nehmen.**) Dies schließt jedoch nicht die Befugniß in sich, nach diesen Werkzeugen eine Haussuchung zu halten.

Begründung: Nach § 98. 105 Str.-Pr.-O. sei die Anordnung sowohl der Beschlagnahmen, als der Durchsuchungen grundsätzlich dem Richter und bei Gefahr im Verzuge daneben der Staatsanwaltschaft und den zu Hilfsbeamten derselben bestellten Polizei- und Sicherheitsbeamten zugewiesen. Andere Personen seien weder zur Beschlagnahme noch zur Durchsuchung befugt. Bezüglich der Beschlagnahme sei nun in § 16 des Preuß. Forstdiebstahlsgesetzes eine Ausnahme statuirt, insofern in dem dort gegebenen Falle jede zum Forstschutz berechtigte Person zur Beschlagnahme der Diebstahlswerkzeuge ermächtigt sei. Damit sei indessen diesen Personen keineswegs auch die Befugniß zur Anordnung von Durchsuchungen nach jenen Werkzeugen

---

*) Zum Begriff der Jagdausübung vergl. die Band XVII S. 216 dieses Jahrbuchs mitgetheilten Urtheile des Reichsgerichts.

**) cfr. Urtheil des Reichsgerichts vom 20. November 1884 Jahrbuch Bd. XVII. S. 125.

16*

behufs Realifirung der Beschlagnahme gegeben. Vielmehr verbleibe es bezüglich der Durchsuchungen, im Besondern der Haussuchungen, bei der allgemeinen gesetzlichen Regel des § 105 Str.=Pr.=O. und seien daher nur diejenigen Forstbeamten zur Vornahme einer Haussuchung berechtigt, welche zu Hülfsbeamten der Staatsanwalt=schaft bestellt worden seien (cf. Min. Verf. vom 23. November 1881. Jahrb. Bd. XIV. S. 101).

(Rechtsprechung 2c. Bd. VIII. S. 105). R.

Personalien.

53.

Veränderungen im Königlichen Forst= und Jagdverwaltungs= Personal vom 1. April bis ult. Juni 1886.

I. Bei der Königl. Hofkammer der Königlichen Familiengüter und beim Königlichen Hofjagd=Amt.

A. Gestorben:

von Sierakowski, Oberforstmeister.

B. Den Charakter als Hegemeister hat erhalten:

Hopusch, Förster zu Brand, Oberf. Staakow (bei der Pensionirung).

II. Bei der Central=Verwaltung und den Forst=Akademien.

Dr. Councler, Dirigent der chemisch=physikalischen Abtheilung des forstlichen Ver=suchswesens bei der Forst=Akademie zu Eberswalde, zum Professor ernannt und mit der Professur der anorganischen Naturwissenschaften an der Forst=Akademie zu Münden beliehen.

Dr. Ramann, zum Dirigenten der chemisch=physikalischen Abtheilung des forstlichen Versuchswesens und Docenten bei der Forst=Akademie zu Eberswalde ernannt.

Dr. von Ollech, Assistent des Lehrers der anorganischen Naturwissenschaften an der Forst=Akademie zu Münden, die Dienstleistung eines Assistenten beim chemischen Laboratorium der Forst=Akademie zu Eberswalde übertragen.

Grunow, Geheimer expedirender Secretair und Calculator bei der Central=Verwaltung, der Charakter als Rechnungsrath verliehen.

Hausendorf, Forst=Assessor (bisher Hülfsarbeiter bei der Regierung Bromberg), als Hülfsarbeiter bei der Central=Verwaltung einberufen.

Dr. Storp, Forstreferendar, als Assistent beim chemischen Institut der Forst=Akademie zu Münden berufen.

III. Bei den Provinzial=Verwaltungen der Staatsforsten.

A. Gestorben:

von Dücker, Oberforstmeister zu Düsseldorf.

B. Pensionirt:

Gies, Oberförster zu Hersfeld, Oberf. Hersfeld=Meckbach, Reg.=Bez. Cassel.

von Blumen, Forstmeister zu Potsdam.

Gallasch, Oberförster zu Heteborn, Reg.=Bez. Magdeburg.

Münter, Forstmeister zu Hannover.

Malchus, Oberförster zu Knesebeck, Reg.-Bez. Lüneburg.

Otto, Oberförster zu Puppen, Reg.-Bez. Königsberg.

Schmalz, Oberförster zu Jacobshagen, Reg.-Bez. Stettin.

Schulz, Oberförster zu Roßberg, Reg.-Bez. Cassel.

C. Versetzt ohne Aenderung des Amtscharakters:

Diels, Oberförster von Cassel, Reg.-Bez. Cassel, nach Hersfeld, Oberf. Hersfeld-
Meckbach, Reg.-Bez. Cassel.

Cusig, Oberförster von Süderholz, Oberf. Sonderburg, Reg.-Bez. Schleswig, nach
Kuhbrück, Reg.-Bez. Breslau.

von Ulrici, Forstmeister, von der Forstmeisterstelle Merseburg-Düben auf die Forstmeisterstelle Potsdam-Oranienburg.

Hartig, Forstmeister, von der Forstmeisterstelle Minden-Schaumburg auf die Forstmeisterstelle Hannover-Nienburg.

Rumann, Oberförster von Ershausen, Oberf. Wachstaedt, Reg.-Bez. Erfurt, nach
Heteborn, Reg.-Bez. Magdeburg.

Heuseler, Oberförster, von Altkrakow, Reg.-Bez. Cöslin, nach Bromberg, Oberf.-
Stelle Jagdschütz, Reg.-Bez. Bromberg.

Engels, Oberförster, bisher Verwalter der Oberf. Jagdschütz, Reg.-Bez. Bromberg,
die neu gebildete Oberförsterei Wtelno, mit seinem bisherigen Amtsitze zu
Wtelno übertragen.

Linnenbrink, Oberförster, von Naumburg, Reg.-Bez. Cassel, nach Münster, Reg.-
Bez. Münster.

Roerig, Oberförster, von Frankenau, Reg.-Bez. Cassel, nach Roßberg, Reg.-Bez. Cassel.

D. Befördert resp. versetzt unter Beilegung eines höheren Amtscharacters:

Betzhold, Oberförster zu Lüchow, Reg.-Bez Lüneburg, zum Forstmeister ernannt
und mit der Forstmeisterstelle Merseburg-Düben beliehen.

von Groote, Forstmeister zu Trier, zum Oberforstmeister ernannt und mit der
Oberforstmeisterstelle zu Düsseldorf beliehen.

Dobbelstein, Oberförster zu Münster, Reg.-Bez. Münster, zum Forstmeister ernannt
und mit der Forstmeisterstelle Minden-Schaumburg beliehen.

Witzell, Oberförster zu Hiesfeld, Reg.-Bez. Düsseldorf, zum Forstmeister ernannt
und mit der Forstmeisterstelle Trier-Eifel beliehen.

E. Zu Oberförstern ernannt und mit Bestallung versehen sind:

Wendland, Forst-Assessor zu Tapiau, Reg.-Bez. Königsberg.

Bollig, Forst-Assessor zu Sadlowo, Reg.-Bez. Königsberg.

Nicolai, Forst-Assessor und Feldj.-Lieut. zu Altenau, Reg.-Bez. Hildesheim.

Geltz, Forst-Assessor (bisher interimistischer Revierförster zu Latrop, Oberf. Glindfeld,
Reg.-Bez. Arnsberg) zu Nastätten, Reg.-Bezirk Wiesbaden.

Gründer, Forst-Assessor zu Süderholz, Oberf. Sonderburg, Reg.-Bez. Schleswig.

Voß, Forst-Assessor und Feldj.-Lieut. zu Cassel, Reg.-Bez. Cassel.

Morant, Forst-Assessor (bisher interimistischer Revierförster zu Forsthaus Bischoffstein,
Revierförsterstelle Lengefeld, Oberf. Wachstaedt, Reg.-Bez. Erfurt), zu Puppen,
Reg.-Bez. Königsberg.

Kickbusch, Forst-Assessor zu Ershausen, Oberf. Wachstaedt, Reg.Bez. Erfurt.

Schuppius, Forst-Assessor zu Naumburg, Reg.-Bez. Cassel.

Söllig, Forst-Assessor (bisher Hülfsarbeiter bei der Regierung Cöslin) zu Altkrakow, Reg.-Bez. Cöslin.

Cleve, Forst-Assessor und Feldj.-Lieut. zu Lüchow, Reg.-Bez. Lüneburg.

Dunckelbeck, Forst-Assessor (bisher Hülfsarbeiter bei der Central-Verwaltung) zu Jacobshagen, Reg.-Bez. Stettin.

Meister, Forst-Assessor zu Knesebeck, Reg.-Bez. Lüneburg.

Lyncker, Forst-Assessor zu Hiesfeld, Reg.-Bez. Düsseldorf.

Weis, Forst-Assessor zu Frankenau, Reg.-Bez. Cassel.

F. Die bei der definitiven Anstellung als Oberförster vorbehaltene Bestallung hat erhalten:

Sellheim, Oberförster zu Claushagen, Reg.Bez. Cöslin.

G. Als Hülfsarbeiter bei einer Regierung wurden berufen:

Drovs, Forst-Assessor, nach Cöslin.

Offermann, Forst-Assessor (bisher interim. Revierförster zu Biebersorf, Oberf. Börnichen, Reg.-Bez. Frankfurt), nach Bromberg.

Bürhaus, Forst-Assessor, nach Erfurt.

H. Zu Revierförstern wurden definitiv ernannt:

Raether, Förster zu Reiherhorst, Oberf. Borntuchen, Reg.-Bez. Cöslin.

Ennig, Förster zu Gensken, Oberf. Jablonken, Reg.-Bez. Königsberg.

Groger, Förster zu Groß-Friedrich, Oberf. Limmritz, Reg.-Bez. Frankfurt.

Hoffmann, Hegemeister zu Schwarz-Collm, Oberf. Hoyerswerda, Reg.-Bez. Liegnitz.

Michaelis, Förster zu Pennin, Oberf. Schuenhagen, Reg.-Bez. Stralsund.

I. Als interimistische Revierförster wurden berufen:

Dolling I., Hegemeister, für die in eine Revierförsterstelle umgewandelte bisherige Hegemeisterstelle Hopfenbruch, Oberf. Mauche, Reg.-Bez. Posen.

Zinke, Förster nach Biebersdorf, Oberf. Börnichen, Reg.-Bez. Frankfurt.

Bartmann, Förster, nach Latrop, Oberf. Glindfeld, Reg.-Bez. Arnsberg.

Eichhorn, Forst-Assessor, nach Forsthaus Bischofstein, Revierförsterstelle Lengefeld, Oberf. Wachstaedt, Reg.-Bez. Erfurt.

Kleinschmidt, Hegemeister, nach Hemmerath, Oberf. Wittlich, Reg.-Bez. Trier.

Lüpke, Förster, auf die Revierförsterstelle zu Hela, Oberf. Darszlub, Reg.-Bez. Danzig.

K. Den Charakter als Hegemeister haben erhalten:

Thielecker, Förster zu Eggersdorf, Oberf. Rüdersdorf, Reg.-Bez. Potsdam.

Trübe, Förster zu Forsthaus Fasanerie, Oberf. Schkeuditz, Reg.-Bez. Merseburg.

Bock, Förster zu Maienpfuhl, Oberf. Freienwalde, Reg.-Bez. Potsdam.

Daniger, Förster zu Hartigswalde, Oberf. Krausenhof, Reg.-Bez. Marienwerder.

L. Forstkassenbeamte:

Dem Forstkassenrendanten Hellwig zu Letzlingen, Reg.-Bez. Magdeburg, ist der Charakter als Rechnungsrath verliehen.

Verwaltungsänderungen:

Die Namen dreier Oberförstereien im Reg.-Bez. Merseburg sind, den Wohnsitzen der Revierverwalter entsprechend, umgeändert worden und zwar: Gossera in Zeitz, Siebigerode in Annarode und Pödelist in Freiburg.

Zum 1. Juli 1886 werden aus den Oberförstereien Jagdschütz und Stronnau, Reg.-Bez. Bromberg, und aus angekauften Forstländereien drei Reviere gebildet, und zwar: Wtelno, Oberf. Engels (dem Forstmeisterbezirk Bromberg-Schneidemühl zugelegt); Jagdschütz mit dem Amtssitze zu Bromberg, Oberf. Heuseler, und Stronnau mit dem Amtssitze Crone a. Br., Oberf. Kleinhaus.

Die Namen der bisherigen Oberförstereien Zienitz und Röthen, Reg.-Bez. Lüneburg, sind in Göhrde-Ost und Göhrde-West umgeändert worden.

54.
Ordens-Verleihungen
an Forst- und Jagdbeamte vom 1. April bis ult. Juni 1886.

A. Der Rothe Adler-Orden III. Klasse mit der Schleife:

von Blumen, Forstmeister zu Potsdam (bei der Pensionirung).

Münter, Forstmeister zu Hannover (desgl.).

Schmalz, Oberförster zu Jacobshagen, Reg.-Bez. Stettin (desgl.).

Gallasch, Oberförster zu Heteborn, Reg.-Bez. Magdeburg (desgl.).

B. Der Rothe Adler-Orden IV. Klasse:

Wiesmann, Oberförster zu Schirpitz, Reg.-Bez. Bromberg.

Fritsche, Oberförster zu Eschede, Reg.-Bez. Lüneburg (bei der Pensionirung).

Boseck, Hegemeister zu Oberbuschhaus, Oberf. Elsterwerda, Reg.-Bez. Merseburg (mit der Zahl 50).

C. Das Allgemeine Ehrenzeichen:

Schwarz, Förster zu Raben, Oberf. Dippmannsdorf, Reg.-Bez. Potsdam (bei der Pensionirung).

Alisch, Holzhauermeister zu Langenwahl, Oberf. Neubrück, Reg.-Bez. Frankfurt.

Gliese, Holzhauermeister zu Neubrück, Oberf. Neubrück, Reg.-Bez. Frankfurt.

Wolff, Förster zu Lochau, Oberf. Glinke, Reg.-Bez. Bromberg (bei der Pensionirung).

Hoffmann, Förster zu Bieberstein, Oberf. Thiergarten, Reg.-Bez. Cassel (desgl.).

Doering, Förster zu Thalhof, Oberf. Steinau, Reg.-Bez. Cassel (desgl.).

Horn, Förster zu Altenbrunslar, Oberf. Felsberg, Reg.-Bez. Cassel (desgl.).

Seitz, Holzhauer zu Kaltenbach, Oberf. Spangenberg, Reg.-Bez. Cassel.

Kretschmer, Hegemeister zu Einsiedel, Oberf. Reichenau, Reg.-Bez. Liegnitz (bei der Pensionirung.

Teschner, Förster zu Bernterode, Oberf. Worbis, Reg.-Bez. Erfurt (desgl.).

Wagenschütz, Förster zu Glinken, Oberf. Napiwoda, Reg.-Bez. Königsberg (desgl.).

Schikorr, Förster zu Babbeuten, Oberf. Ratzeburg, Reg.-Bez. Königsberg (bei der Pensionirung).

Jung, Förster zu Theerofen, Oberf. Buchwerder, Reg.-Bez. Posen (desgl.).

Poschetzky Förster zu Garzer Grenze, Oberf. Heinersdorf (Königl. Hofkammer) (desgl.).

D. Die Erlaubniß zur Anlegung fremder Orden haben erhalten:

Art, Oberförster zu Letzlingen, Reg.-Bez. Magdeburg, Ritterkreuz II. Klasse des Herzoglich Sachsen-Ernestinischen Hausordens.

Kühnast, Förster in Dolle, Oberf. Letzlingen, Reg.-Bez. Magdburg, Silberne Verdienstmedaille des Herzoglich Sachsen-Ernestinischen Hausordens.

Schmiedel, Oberforstmeister zu Minden, Ehrenkreuz II. Klasse des Fürstlich Lippe'schen Hausordens.

Schwab, Oberförster zu Königstein, Reg.-Bez. Wiesbaden, Königlich Rumänischen Kronenorden (Klasse der Ritter).

In Anerkennung lobenswerther Dienstführung ist von Sr. Excellenz dem Herrn Minister das Ehrenportepée verliehen worden:

Häntzschel, Förster zu Erlau, Oberf. Erlau, Reg.-Bez. Erfurt.